2019衡水湖生态文明国际交流会

论文集

COLLECTION OF PAPERS ON 2019 HENGSHUI LAKE ECOLOGICAL CIVILIZATION INTERNATIONAL EXCHANGE CONFERENCE

《2019衡水湖生态文明国际交流会论文集》编委会 编

中国林业出版社
China Forestry Publishing House

图书在版编目（CIP）数据

2019 衡水湖生态文明国际交流会论文集 / 《2019 衡水湖生态文明国际交流会论文集》编委会编 . -- 北京 : 中国林业出版社 , 2020.8

ISBN 978-7-5219-0727-8

Ⅰ . ① 2… Ⅱ . ① 2… Ⅲ . ①湖泊－水环境－生态环境－国际学术会议－文集
Ⅳ . ① X524-53

中国版本图书馆 CIP 数据核字 (2020) 第 141223 号

中国林业出版社
责任编辑：李 顺 王思源
出版咨询：（010）83143569

出 版：中国林业出版社（100009 北京西城区德内大街刘海胡同 7 号）
网 站：http://www.forestry.gov.cn/lycb.html
印 刷：北京博海升彩色印刷有限公司
发 行：中国林业出版社
电 话：（010）83143573
版 次：2020 年 8 月第 1 版
印 次：2020 年 8 月第 1 次
开 本：889mm×1194mm 1 ／ 12
印 张：10
字 数：300 千字
定 价：198.00 元

序 言

Preface

2017年衡水市成功举办了河北省首届园林博览会，打造了全国最大的城市湿地园林。我们以此为契机，着力探索高端学术交流常态化机制，传承“园博精神”，放大“园博效应”。2019年11月举办的第三届交流会，迎来了荷兰高级代表团——南荷兰省省长雅普·斯密特一行和来自日本、法国、西班牙、菲律宾等十多个国家的知名专家、学者，大家汇聚一堂，就水生态与湿地保护、都市农业与宜居环境等主题展开交流，探索生态文明建设和可持续发展之路。《2019衡水湖生态文明国际交流会论文集》的出版，是这次高端学术交流活动的智慧结晶。专家学者的真知灼见，对我们保护和利用好衡水湖具有重要指导作用，提出的一系列新理念、新观点，也必将对推动生态治理产生深远的影响。

衡水湖湿地作为华北平原地区优质生态基地，是衡水最宝贵的资源，保护和利用好这片湿地是我们义不容辞的政治责任。近年来，在习近平总书记生态文明思想指引下，我们坚定不移走好生态优先、绿色发展之路，认真贯彻落实河北省委办公厅、省政府办公厅《关于进一步支持和加强衡水湖保护与发展的意见》，举全市之力做好保护工作。我们将自然生态之美作为湿地最内在、最重要的美来打造，以保护湿地生态系统为核心，积极推进衡水湖保护立法工作，搬迁湖区村庄和生产性企业缓解生态压力，大力实施保护动植物多样性、水环境提升、环湖绿化等项目，全面改善修复衡水湖湿地的生态环境。我们将水作为湿地最核心的灵魂来保护，引进优质地表水，加强沿线水质监测，打造以衡水湖为中心、滏阳河为主脉的“一湖九河”水系连通格局，全力建设“北方水乡”。我们将保护好湿地作为城市发展和治理的鲜明导向，坚持湖与城融合发展，统筹抓好生产、生活、生态三大空间布局，坚定不移走高质量、内涵式城市发展道路，着力建设一座具有“国际范儿”的生态宜居美丽湖城。

生态兴则文明兴。衡水市将不断加强与全球湿地保护相关组织、专家学者和滨水城市的合作，秉承“绿水青山就是金山银山”的理念，传承中华民族“天人合一”的崇高追求，以只争朝夕的精神和持之以恒的坚守，在建设人与自然和谐相处、共生共荣的宜居城市方面创造更多经验、作出更大贡献。

中共衡水市委书记 王景武

2020年7月8日

目 录

2019衡水湖生态文明国际交流会
综述

OVERVIEW OF 2019 HENGSHUI LAKE ECOLOGICAL CIVILIZATION INTERNATIONAL EXCHANGE CONFERENCE

滨水城市如何实现人与自然和谐共生，新形势下如何推进生态文明建设？11月21日，2019衡水湖生态文明国际交流会在衡水隆重开幕。来自荷兰、日本、法国、西班牙等10多个国家的知名专家汇聚一堂，就水生态与湿地保护、都市农业与宜居环境、城市设计与滨水城市等领域展开交流，探索生态文明建设和可持续发展之路。500余位参会者聆听前沿之声，共享一场饕餮学术盛宴。

国际交流会开幕式由衡水市市长吴晓华主持。中共衡水市委书记王景武发表致辞，热烈欢迎出席交流会的荷兰南荷兰省代表团和各位专家。他介绍，2017年衡水市成功举办了河北省首届园林博览会，打造了全国最大的城市湿地园林，以此为契机举办了湿地园林与生态城市建设国际研讨会，并着力探索高端学术交流常态化机制。他表示，湿地保护与发展道阻且长，衡水市将把高端学术交流活动一届一届办下去，让衡水湖湿地汇聚全球目光、世界智慧，让衡水湖湿地惠及人民、造福后代。

河北省住房和城乡建设厅副厅长李贤明在致辞中表示，衡水市历来高度重视生态环境建设，进入后园博时代，生态环境建设品质和建设速度都驶入快车道，这次会议在前两次活动的基础上开展交流探讨，必将开启衡水生态文明建设的新篇章。荷兰在水环境治理、都市农业领域都处于世界领先水平，此次荣幸

邀请到南荷兰省以及其他国家的知名专家齐聚衡水，一定能为衡水、为河北的城市环境建设带来新启示、新思路。

荷兰南荷兰省省长雅普·斯密特介绍了南荷兰省的情况。他提出，从荷兰的经验来看，生态建设是一项系统工程，需要从多方面来进行引导。衡水市通过与荷兰生态可持续联盟的合作，能够在很多方面为衡水的进一步发展起到积极作用。荷方愿意把自己的力量贡献给中方，中国和荷兰的同事们可以一起交流、切磋经验。

接下来的主旨报告由河北省城市园林绿化服务中心主任王哲主持。国际风景园林师联合会亚太主席、日本造园学会原会长高野文彰通过相关案例，介绍了在河流治理设计中如何将环境建得更生态，更加贴近居民生活，让人和城市里的景观自然地结合。南荷兰省水利高级政策顾问玛哈女士介绍了南荷兰省的城乡规划体系，分享了在综合管理、环境立法、自然保护等方面的先进经验。

开幕式后，3场以水生态与湿地保护、都市农业与宜居环境、城市设计与滨水城市为主题的国际研讨会先后召开。来自鹿特丹伊拉斯姆斯大学、巴黎高等装饰艺术学院、菲律宾大学、清华大学、上海海洋大学、中国建筑技术研究院等高校和科研机构的专家，英国Arup、荷兰都市方案事务所、安博戴水道、Arppa设计、RAMA estudio、岭南设计、棕榈设计、易兰设计、赛肯思、瓦地设计、艺普得、本色营造、一合舍建筑设计等知名建筑设计、规划、景观设计机构的主创设计师在两天的会议上发表精彩演讲，分享国际最新理念，交流优秀案例，为在场观众和广大同行带来许多启发与思考。

衡水市位于河北省东南部，素有“大儒之乡”“生态湖城”的佳誉，市境内的衡水湖是华北地区最大的城中湖，国家级自然保护区，被誉为“东亚地区蓝宝石”“京津冀最美湿地”。本次国际交流会由衡水市人民政府、河北省住房和城乡建设厅主办，国际生态景观学会、亚洲园林协会承办。

荷兰高级代表团访问衡水纪实

RECORD OF THE VISIT OF THE HIGH LEVEL DELEGATION OF THE NETHERLANDS TO HENGSHUI

2019年11月21～22日，荷兰南荷兰省省长雅普·斯密特一行到河北省衡水市访问。21日，衡水市委书记王景武、市长吴晓华等会见了雅普·斯密特一行。双方在城市规划、生态环保、经贸文化等方面交换了观点，达成了不少共识。南荷兰省代表团还与衡水市住建局、城管局、环保局、自然资源和规划局、园林局、外办、滨湖新区等单位进行了座谈交流，为今后建立更深入合作奠定了良好基础。

会谈中，王景武回顾了衡水市与南荷兰省近年来的合作交往，并向荷兰客人们介绍了衡水市发展现状。他介绍，衡水市历来高度重视生态环境建设，2017年依托衡水湖，成功举办了河北省首届园林博览会，打造了全国最大的城市湿地园林。他表示，荷兰在水环境治理等领域处于世界领先水平，希望荷兰专家能与衡水市加强合作，为衡水城市发展带来新的思路。

11月21日，荷兰代表团出席了衡水湖生态文明国际交流会。雅普·斯密特在致辞中表示，衡水致力于打造河北最为可持续的生态城市之一，在衡水湖保护与发展方面做了很多有益工作，与南荷兰省在农业、水利等方面既有共同需求，又有互补性，合作潜力巨大，希望双方以此次会议为契机，相互启发、交流经验、开展合作，实现互惠共赢。

交流会开幕式之后，南荷兰省水利高级政策顾问玛哈女士发表主旨报告，介绍了南荷兰省的城乡规

Smit
王景武

划体系，分享了在环境管理、自然保护等方面的先进经验。在接下来的三场国际研讨会中，鹿特丹伊拉斯姆斯大学博士安若雅、荷兰都市方案事务所董事合伙人胡荣、皇家艾克坎普公司亚洲出口经理黄颖君、荷兰都市可持续联盟秘书长苏楠4位专家，分别从城市水生态、河流治理、智慧水务管理、食品与水联系共生等角度，介绍了最新理念和实践案例。访问衡水期间，雅普·斯密特一行还到衡水湖进行了参观考察。

衡水市位于河北省东南部，素有“生态湖城”的佳誉，市境内的衡水湖是华北地区最大城中湖，国家级自然保护区，被誉为“东亚地区蓝宝石”“京津冀最美湿地”。南荷兰省位于荷兰西部，西临北海，省会为海牙市，省内的鹿特丹市为荷兰第二大城市、欧洲著名海港。

衡水市是雄安新区正南第一个设区市，有着重要的枢纽地位与巨大的生态优势，当前正借势京津冀协同发展探索发展新路，而身处“一带一路”海陆交汇地的荷兰是中国在欧洲的重要合作伙伴。相信未来经过双方持续共同努力，衡水与荷兰的合作必将取得更丰硕的成果。

◀ 王景武
中共衡水市委书记

▶ 雅普·斯密特
荷兰南荷兰省省长

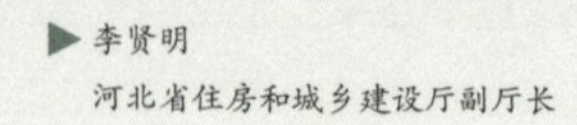

◀ 吴晓华
衡水市人民政府市长

▶ 李贤明
河北省住房和城乡建设厅副厅长

◀ 王世昆
衡水市人民政府副市长

▶ 韩克俭
衡水市政协副主席

▶ 玛哈·范·德·路易加登
南荷兰省水利高级政策顾问

▼ 蔡建明
国际都市农业基金会中国协调员

▶ 高野文彰
国际风景园林师联合会亚太主席

▲ 娜塔丽·朱诺·蓬萨
法国视觉艺术家

▶ 张敏
清华大学建筑学院教授

◀ 叶耀先
中国建筑技术研究院原院长

◀ 沙伦·佩里恩
菲律宾大学建筑学院教授

▼ 肖恩·理查德·马丁
安博戴水道中国区设计总监

▲ 张祺
英国Arup董事、城市创新中心总经理

▶ 唐艳红
易兰设计合伙人、集团副总

▼江怡嘉
香港二澳农场项目总监

▶安若雅
鹿特丹伊拉斯姆斯大学博士

◀费利佩·莱昂纳多·多诺索·德尔希罗
RAMA estudio联合创始人

◀麦当娜·达瑞
菲律宾大学建筑学院教授

▶伊曼纽尔·普耶
SIGNES集团顾问

◀玛丽亚·洛伦娜·罗德里格斯
厄瓜多尔建筑师

◀刘子明
赛肯思总设计师

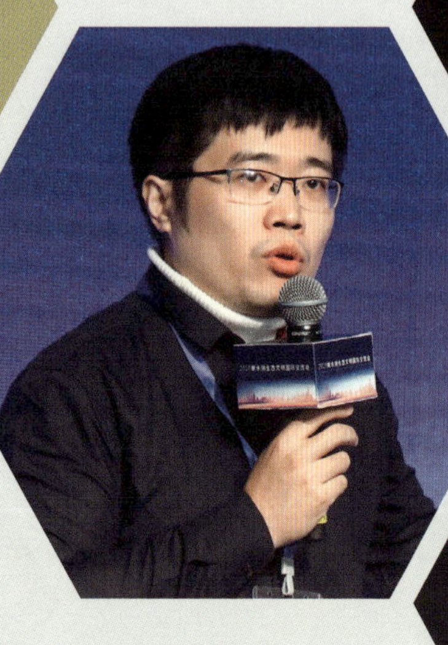

▲吴昊
瓦地设计总经理

▶田辛
岭南设计集团设计总监

▼楼颖
本色营造创始人

▶张渊畯
艺普得城市设计总经理

◀王一丁
一合舍建筑设计合伙人

▶施鹏
棕榈设计北京区域总经理

▶汪祝方
上海海洋大学研究生

建设生态宜居美丽湖城

——中共衡水市委书记在论坛开幕式上的讲话

THE CONSTRUCTION OF AN ECOLOGICAL, LIVABLE AND BEAUTIFUL LAKE CITY

初冬的衡水，仍然是暖意融融。我们非常高兴地迎来了参加2019衡水湖生态文明国际交流会的南荷兰省省长代表团和来自国际、国内的专家学者。在这里，我代表市委、市政府和全市人民，向大家的到来表示热烈的欢迎。

2017年，我们成功举办了河北省首届园林博览会，打造了全国最大的城市湿地园林和园博花街。以此为契机，举办了湿地园林与生态城市建设国际研讨会，并着力探索高端学术交流常态化机制。三年来，来自国内外的学术权威在这里进行思想碰撞，智慧的火花引领了我们科学保护衡水湖和建设生态宜居美丽湖城的实践，推动我们在生态文明建设上不断取得新的进步。

各位领导、各位嘉宾、各位朋友，“天人合一”的思想是中国传统文化的精华，人与自然和谐共生是我们推动治理体系和治理能力现代化追求的目标。党的十八大以来，以习近平同志为核心的党中央，把生态文明建设纳入中国特色社会主义事业“五位一体”总体布局，习近平生总书记态文明思想为建设美丽中国提供了科学指南。我们将在习近平总书记生态文明思想的科学指引下，树牢“绿水青山就是金山银山”的理念，坚定不移走好生态优先、绿色发展之路。我们将坚持保护第一，深入贯彻落实河北省《关于支持和加强衡水湖保护与发展的意见》，用最严格的措施保护好衡水湖，为子孙后代看护好这片宝贵的湿地。我们将坚持生态优先，树立合理利用、友

好保护的理念，大力实施生态补水、地下水超采综合治理等工程，保持“一湖九河”水生态系统健康，把衡水建设成独具魅力的“北方水乡”。我们将坚持走湖城融合发展的道路，着力探索生态城市、滨水城市发展规律，建设生态宜居的美丽湖城，为人口密集地区自然保护区的保护发展趟出路子，提供可资借鉴的经验。

习近平总书记强调，“面对生态环境挑战，人类是一荣俱荣、一损俱损的命运共同体”，“只有赋之以人类智慧，地球家园才能充满生机活力”。衡水湖湿地保护和发展，需要汇聚全球的智慧和资源。我们实施中德财政合作项目，举办青头潜鸭保护国际研讨会、衡水湖生态文明国际交流会，旨在推动高端学术交流和国际间合作，为湿地恢复与保护提供“源头活水”。南荷兰省是荷兰经济最发达的地区之一，在水生态保护、都市农业发展等方面拥有丰富的经验和资源。参加今天大会的各位院士、专家都是相关领域的顶级智囊。我们愿意聆听大家的精彩发言、学习大家的真知灼见，并把大家的智慧成果付诸衡水湖保护与发展的实践，与各方并肩进行不懈探索，在推动人与自然和谐发展上展现衡水担当、作出衡水贡献。

各位领导、各位嘉宾、各位朋友，湿地保护与发展道阻且长、行则将至。我们将树牢“功成不必在我”的理念，积极推动国际交流合作常态化、制度化，把高端学术交流活动一届一届办下去，让衡水湖湿地汇聚全球目光、世界智慧，让衡水湖湿地惠及人民、造福后代。希望各位领导、各位嘉宾、各位朋友每年都到衡水来，我们相信，生态宜居的美丽湖城将会给大家不断呈现新变化、带来新惊喜。

王景武

WANG JINGWU

中共衡水市委书记

南荷兰省与衡水共谋城市可持续发展

——荷兰南荷兰省省长在论坛开幕式上的讲话

ZUID-HOLLAND AND HENGSHUI CONSPIRE FOR URBAN SUSTAINABLE DEVELOPMENT

我非常荣幸能够来到2019年衡水湖生态文明国际交流会。得知衡水市政府致力于将衡水打造成河北最为生态可持续的城市之一，并且在衡水湖的湿地保护方面做了很多有益的工作，我非常高兴。

首先我想向各位介绍一下我来自的省份，荷兰南荷兰省，总面积3400km^2，处于莱茵河三角洲地区，绝大部分地区低于海平面，非常不利的地理环境迫使荷兰人与生俱来需要与水患做斗争，这就是为什么我们在水利方面积累了很多经验。

由于我们省人口密度大，所以需要很有效地平衡整个城市发展和农业发展方面的联系，同样我们还需要做到整个工业发展、宜居、能源方面与城市生态方面很好的平衡，这也使得荷兰人在生态可持续方面积累了很多经验，对于我们来说，生态可持续意味着水利管理，可持续城市的建设，环境保护和海绵城市。在荷兰的经验看来，整个生态的城建是一个多功能的工程，需要考虑到经济活动、自然资源、景观、水环境和宜居。例如可持续智慧城市，基于大数据的水管理，可以帮助水质水量改善，包括能更好地预测降水、洪水或者是干旱。治水不单单是一个安全问题，还需考虑经济和社会的价值，这需要我们双方从多方面来引导。

另外一个非常重要的议题就是整个城市的农业，都市农业可以给城市提供高质量和高品质的食物，整个荷兰在农业领域有很好的经验和先进的方法来发展都市农业，城市的可持续发展离不开高质量、安全、大量的食物向城市周边的供给和运输，在都市农业发展领域的很多经验使荷兰在这两方面走在世界的前列。所以我认为衡水市政府能够通过和荷兰生态可持续联盟的合作，在很多方面为衡水的进一步发展达成目标。

联盟中的很多公司和研究机构的智慧和经验，正能解决衡水现在所面临的挑战。我们愿意把我们的力量贡献给中方，中国和荷兰的同事们可以一起互相交流，切磋经验。

今天的研讨会是一个很好的开端，希望通过今天的活动，双方能够互相启发，为将来更多的实际项目落地起到作用。

雅普·斯密特

JAAP SMIT

荷兰南荷兰省省长

扩大国际交流与合作，推动湖城绿色发展

——河北省住房和城乡建设厅副厅长在论坛开幕式上的讲话

THE EXPANSION OF INTERNATIONAL EXCHANGES AND COOPERATION AND THE PROMOTION OF GREEN DEVELOPMENT IN HENGSHUI, THE LAKE CITY

衡水湖畔，初冬乍寒。但天气的寒冷挡不住我们欢迎荷兰朋友和举办学术交流会的热情。很高兴在河北省首届园博会两年之后再次来到衡水，参加2019衡水湖生态文明国际交流会。在此，我谨代表河北省住房和城乡建设厅，向南荷兰省的领导、专家，向出席国际交流会的各位专家、嘉宾表示热烈欢迎！向长期以来关心和支持河北省城市建设的各界朋友，和连续3年组织学术交流活动的衡水市委、市政府表示衷心感谢！

河北是中华民族发祥地之一，东临渤海、内环京津、西倚太行、北靠燕山，这里的大地山川秀美、历史悠久，这里的人民勤劳淳朴、热情好客。当前，随着京津冀协同发展、雄安新区规划建设、2022年冬奥会筹办等重大国家战略在

河北集中实施，河北进入千载难逢的历史性窗口期和战略性机遇期，生态环境建设也进入关键时期。全省上下认真贯彻落实党中央、国务院战略部署，按照“三六八九”工作思路，正在不断加快推进全省生态文明建设步伐，推动创新发展、绿色发展、高质量发展，奋力开创新时代全面建设经济强省、美丽河北的新局面。

衡水作为河北省设区市之一，历来高度重视生态环境建设，将生态环境的改善作为市委、市政府的重要工作。2017年9月，在河北省首届园林博览会会期活动中，成功举办了“湿地园林与生态城市建设研讨会”。为打造永不落幕的园博会，衡水市连续3年和河北省住房和城乡建设厅共同举办学术交流活动，更新城市建设理念，加快推动绿色发展。我们欣喜地看到，进入“后园博时代”，“园博精神”不断发力，“园博效应”持续放大，衡水城市建设速度、建设品质都驶入快车道。园博会后，衡水举全市之力创建国家园林城市，城市品质和环境质量进一步提升。今天这次交流，在前两次活动基础上选择“湿地城市与都市农业”为主题，就水生态与湿地保护、滨水城市发展、都市农业等开展交流探讨，共商新时代衡水城市生态建设发展大计，必将开启衡水生态文明建设新篇章。

荷兰在水环境治理、都市农业领域处于世界领先水平，我们荣幸请到南荷兰省的高级专家以及其他国家的知名专家学者齐聚衡水，湖城论剑，一定能为衡水、为河北的城市生态环境建设带来新启示、新思路，令我们充满期待。希望各位专家不吝赐教、积极出谋划策、传经送宝，为全面提高河北生态文明建设水平提供更多超前理念和先进经验。

最后，愿衡水厚重的历史、朴实的人民、秀美的风光给各位嘉宾留下一段美好回忆！祝各位来宾身体健康，祝我们的友谊万古长青！预祝交流会取得圆满成功。

李贤明

LI XIANMING

河北省住房和城乡建设厅副厅长

河流、城市和人民

RIVERS, CITIES AND PEOPLE

依水而生的景观

图1

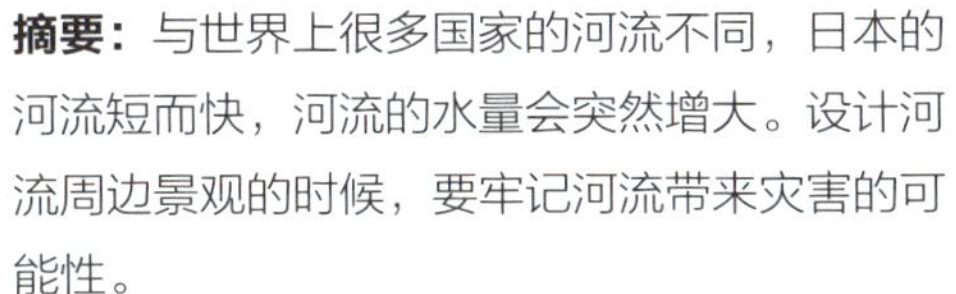

摘要： 与世界上很多国家的河流不同，日本的河流短而快，河流的水量会突然增大。设计河流周边景观的时候，要牢记河流带来灾害的可能性。

Abstract: Differed with rivers in many countries, rivers in Japan are shorter and flow quicker while sometimes water will suddenly grow. We need to aware of the possibility that rivers could bring disaster when we design riverside landscape.

关键词： 河流；日本；河流周边景观

Key words: Rivers, Japan, Riverside landscape

1 日本的河流

日本的河流和世界上其他国家的河流有很大的差别。日本河流的特点是长度非常短，流经的坡度也很陡峭，而且流速非常快。对比欧洲的河流，日本的河流像瀑布一样，特别是在降雨的时候，日本河流的水量会突然间增大非常多，有的时候降雨比平时的水量要高出100倍，密西西比河是3倍，多瑙河是4倍。

2 日本的城市和人民

日本的城市有一个很有趣的现象，河床的海拔非常高，这是早期日本城市规划造成的诟病，这样的河床就导致日本居民必须要提前建设防洪堤来保护周边的住宅，日本51%的住宅都在河的两侧，这是一个挺危险的状态。在古代时期，日本居民用比较生态的方式来解决这个问题，当时的人民没有沿海而居，而是修建了泄洪的堤坝，当水涨高的时候，大量的水可以从侧面流出去。现代人习惯用硬化做河堤的保护，但是古代的人民反而更有生态智慧。

日本深受气候变化的影响，雨季时降雨量非常的大，过去10年间造成了很多洪涝灾害。当设计河流周边景观的时候，要牢牢记住这些灾害的可能性。在北海道，不会面临这些问题，但是对于东京人口很密集的区域，人们还在建设那些防洪堤坝，堤坝的海拔比住宅高很多，这是一个很危险的事情。当然，日本有的不仅是洪涝灾害，还经常会发生地震，甚至有时会面临双重灾害的打击。过去，认为设计师们更偏重于工程方面的设计，但是现在认为设计师还必须具备景观设计师的能力，用更综合的手段完成设计。

3 项目案例

3.1 十胜公园

十胜地区在河流旁边有一个生态公园，项目开始之前，我们了解了这个区域的历史。北海道只有120年的历史，在120年前，这个区域除了森林就是当地的土著居民，有很少的建筑建设。

整体来说，人们的居住区是从海边往上游迁移，一开始海边会比较多，慢慢迁移到上游区域。20年间，可以看到不少森林片区已经被砍伐了，但河流区域还是保持原本的自然状态。

1956年，尽管河流还保持在自然形态，但周边的

分流已经变成了农业用地，森林片区也减少了很多。因为大量的砍伐现象导致洪涝现象越来越严重，下游区域很多土地变成了农田。在1987年左右，人民已经把农业土地建设到水边上和岸边上，由于过多的砍伐，人们渐渐地意识到他们需要去建一些防风林，来保护他们的农田。

十胜公园是在最右端，差不多中下游的区域，在做规划之前，对场地进行了一个非常深入的研究分析。下游区域所有的湿地都消失了，变为了农田用地，红色的边界区就是我们的场地，它沿河而建，森林在它的旁边。当时在选址的时候，这个地方被森林所包围，是一个很优质的场地。设计的初始阶段，我们希望在这个公园中添加很多设施和展馆，但后来和当地的居民沟通，我们发现，人民希望这个公园更加生态，更加贴近他们的生活。

从高度看这个项目区分为2个区域，这2个区域分别相差10 m左右。低台的区域是比较灵活的区域，因为洪水会到漫滩上来。一般来讲，人门会建设防护堤来保护场地。但我们希望将水“邀请”到场地里来，基础设施还是建在比较高的地方，在这个场地上我们可以引导河流的流向。由于这里的洪涝问题很严重，所以政府在这块区域的旁边设计了泄洪通道，减轻了公园的压力。

整个场地大概分为3个区域，设施区就是海拔比较高的地方，主要是基础设施，洪水不会触犯那里。活动区域是在漫滩区，里面有一些小的湖和活动设施，比如说营地。右侧是保护区域，有很多森林和植被。

图1是场地平常没有发生洪水时候的样子，当这里下雨之后，我们看到场地开始形成一些水洼地的状态，这是场地的自然规律，有时候水会溢出来，有时候则不会。当下大雨的时候，这边就会有形成洪涝的现象，但是从上游下来的土壤也让这个场地非常富饶。

整体来讲，公园的设计和普通传统设计不太一样，一般来讲我们都会先做调研、勘探、设计图纸规划，让当地的小朋友去体验这个场地，看他们会在场地上发生什么样的活动，之后依据这些活动开展相关的活动设计以及场地设计。因此设计过程是非常动态和灵活的，并不是很死板的传统方式。

在工程前期，当地的市民也参与到设计种植的活动里，我们带领着他们做自然观察的活动，过程中也让设计师更了解场地一年四季的变化，这是一个很慢的设计过程，当今我们在说慢生活等一些主题，但是我们没有提过慢设计，当一个设计过程过快的时候，你可能会丢掉一些很重要的元素。

图2

当时在做这个项目的时候，日本的经济发展也缓慢下来了，政府还是比较支持这个项目的。项目开发前期，我们就预先启动了当地基地的设施，这个设施是由原来场地上的一个旧农场改造的，农场里会举办很多社区活动，以迎合当地市民的生活。

我们在这个项目中尝试使用了新方法，之前说过我们是直接在图中画出河流的流向，当时做了一个实验，直接把水放到这个区域中，依据它的流向设计出河流。这是一个很有趣的过程，是人类与自然的对话。

关于草地自由营造的过程，我们什么也没有做，而是让它自然地成长，我们做的唯一一件事就是控制

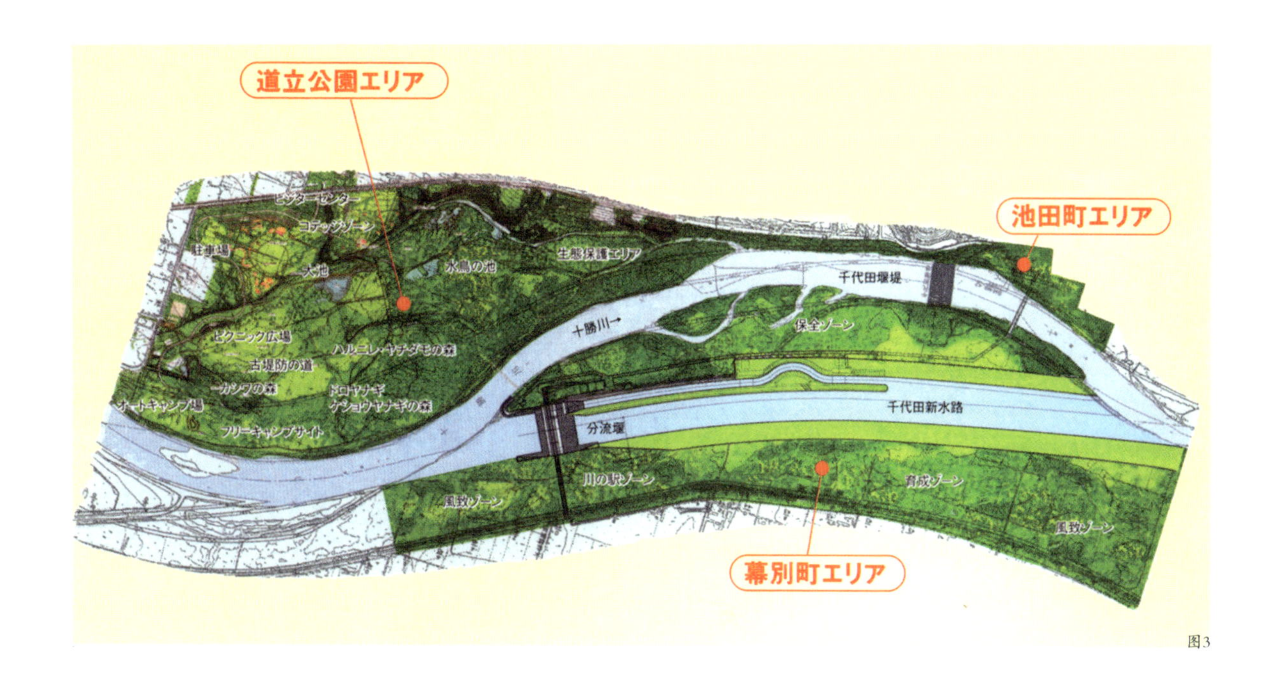

图3

割草的频率和时间，从而使公园呈现出一个不同层次的地被状态。由于不同区域修建的时间也不一样，所以这个场地变得很多元化，逐渐也形成了多元的生物多样性的环境。

为了吸引更多当地人来这个公园，我们建立了一些具有吸引力的设施，比如说农作物乐园，或者是可以让小孩子在上面跳的、相当于棉花糖的跳跳床。只有把他们吸引过来，他们才会对公园感兴趣。在项目快落地的时候，我们和当地的居民一起举办了一次讨论会，让他们参与到场地的设计中来，看他们的想法都有哪些。

中国也会面临类似的问题，中国的生态景观建设现在属于发展很快的阶段，可能一些年之后，慢慢地也会面临市民要参与到项目讨论和设计中。公众的讨论和参与也是设计很重要的部分。这个地方是公园的信息中心，我们鼓励当地的小孩去田野里面看看，去识别出花朵和昆虫，再回到中心把名字录入到电脑里，相当于是参与式学习的一个模式。这就是城市、河流和人民共生的一个例子。

3.2 北彩都公园

北彩都公园位于旭川，旭川也是沿河的城市（图2）。可以看到场地涉及不同的要素，包括河流、CBD、楼群、铁路等。一般来说对于车站的设计，背后是CBD的楼群，我们希望车站附近有更多的建筑，在河流前面，一般来说会做防护的固岸。但是我们并没有尊崇传统的设计方式，而是希望把车站场地设计得更加自然化一些。很多日本城市都在会车站旁边建另一个小镇（图3）。

北彩都公园是一个比较复杂的项目，所以整个项目一共花了20年的时间才完全建成，项目一共建了3座桥去连接城市的河岸、车站和车站前的公园，还有一些政府大楼在河岸旁边。

北彩都的花园是在车站的正前方，当地的市民被邀请参与设计和种植，整个活动他们都有参与，无论是秋天、冬天或者是夏天，他们还自发形成了小型的观光解说团。我们尽量选择贴近自然状态的植被，整体建成让人很放松的场地。这个项目很好地诠释了如何让人和城市景观自然结合，也许这是唯一一个有美丽花园的车站，人们在等车的时候可以看到很美的景色包括河岸景色。

作为一个景观师，我很荣幸、也很高兴地说这是一个让人圆梦的职业，我也很希望有越来越多的人走入这个领域，成为下一代的年轻景观设计师。

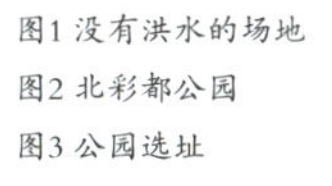
图1 没有洪水的场地
图2 北彩都公园
图3 公园选址

高野文彰

TAKANO FUMIAKI

IFLA亚太主席，高野景观规划有限公司的创始人和现任董事会主席。在景观建筑、城市和区域规划方面拥有超过50年的经验。国际景观建筑师协会日本分会的前任会长，任期：2010-2016年；日本风景园林学会、日本风景园林建筑师协会顾问，日本城市规划学会的活跃会员。

滨水空间城市设计

WATERFRONT SPACE URBAN DESIGN

衡水湖标识

摘要：本文先阐明滨水空间的概念，分析衡水湖现有的自然资源与开发情况，将衡水的城市发展目标定为旅游城市，并就旅游城市如何发展提出自己的四点看法；一是满足需求、供给和保障，二是提出旅游业也要从资金的驱动转向人力和技术的驱动，三是旅游业应最终走向体验经济，四是旅游城市要景城整合发展。最后就滨水区城市设计提出具体的建议。

Abstract: This article clarifies the concept of waterfront space, analyzes the current situation of existing natural resources and exploitation of Hengshui Lake. It aims to develop the Hengshui as a tourist city in the future. It also puts forward four methods about how to develop it as a tourist city, including fulfilling requirements, transformation of driven force, improvement of economics system and the integration. The first method is to meet the people's fundamental needs, and to support multiple supplies and ensure the safe at the same time. The second aspect is to transform the tourism industry driven force of operation from capital to manpower and technology. The third one is that the tourism industry should be guided eventually to move towards the Experience Economy. The fourth is that tourism cities should realize an integration with the tour-aim landscape and city development. In the final part of this article, the author gives several specific suggestions about the urban design of the waterfront city.

关键词：滨水空间；城市设计；衡水湖

Key words: Waterfront space, Urban design, Hengshui Lake

图1

1 滨水空间概念

滨水空间非常重要，它是基础自然资源和战略性资源，是经济社会发展的重要支撑，是生态环境的控制性因素。滨水空间分成两个空间，一个是靠近水体和靠近堤岸的近水空间，第二个是离水体远一点的空间，叫城市的道路和建设用地的邻水空间。

水的生态文明是生态文明的重要组成和基础保障，对衡水来说水是生命之源，是发展之要，是生态之基。衡水市的发展不能离开工业性、基础性和战略性的资源。

2 衡水湖自然条件与开发情况概况

衡水具有得天独厚的衡水湖资源，现在是国家级的自然保护区。除了衡水湖以外，衡水还有三条河，第一条是滏阳河，第二条是阳新河，还有一条叫东排河。一个城市有个比较大的湖，同时还有这么多河，这样的城市在全中国甚至在全世界都是不多的。

衡水湖里面大概有几百种鸟迁徙过来（图1），湖里有各种的动物和植物，衡水湖是非常宝贵的资源，一定要很好地保护和利用它。

衡水湖现在开发的程度还不够，有些建筑和湖本身不是很协调，近水的空间设计做得还不够，比如有的地方，放一个栏杆，人只能在边上待着，不能近水亲水。还有衡水湖标识太大，看上去像墙上弄了3个大字，一系列建筑及标识都要和湖本身协调。

3 衡水市以旅游城市为发展目标

衡水市要向旅游城市发展，国家对旅游城市定义是指具备独特的自然风光或者人文资源等独特资源，能够吸引旅游者前往，具备一定旅游接待能力，以景区景点为核心、以旅游产业为主体、旅游业产值超过城市GDP7%的城市。旅游要有单独统计，不再含在服务业里。如果将来衡水突破7%以上，可以申报作为旅游城市。

3.1 旅游城市的需求、供给和保障

旅游城市一定要以市民和游客为中心，而且以他们对美好生活的需要作为目标。人为什么要旅游？旅游的需求从哪儿来的呢？旅游的需求主要是人在自己的家乡待够了，想到另外一个地方去享受不同的生活，看到不同的东西，所以他的追求就是行万里路，寻求他乡的差异，体验生活和风土人情，要增长知识，愉悦身心，感悟人生真谛。

图2

有了需求以后，衡水市要建设成旅游城市，还要做两件事。一件事就是要供给，给旅游来的人供给什么？通过行、住、吃、游、娱、购、交通要能把人带来、送走，住要有地方住，而且要吃当地特色的东西，可以游玩，可以娱乐，还可以购买当地特色的产品。行、住、吃、游、娱、购是基本需要，更重要的是细心周到的服务，甚至比前面还要重要，服务态度怎么样，你供给完之后还要有保障，保障什么？交通要便捷，住的地方要舒适，吃的要卫生，游的要安全，娱乐要多样，购买要称心。

3.2 旅游业的驱动力

旅游业也要从资金的驱动转向人力和技术的驱动，现在旅游的产出是靠三个东西决定，一个是生产效率和技术进步，第二个是资金，第三个是人力。如果产出当中技术进步占多了，人力占多了，工作人员和职工就可以分到更多的利益。旅游城市一定要采用网络售票，另外要配备解说耳机，还可以设计纪念品进行生产销售，还可以做视频宣传。特别是旅游业的员工要做培训，让员工做贡献。除了吸引国内的游客，吸引国外的游客更重要，衡水（图2）完全有这个条件。

3.3 旅游业走向体验式

有一个美国一家三代过生日的故事，在20世纪60年代，丽贝卡的妈妈过生日，她的奶奶亲手做蛋糕，买面粉花了1～2美元，这个叫做商品经济。到了20世纪80年代，丽贝卡过生日，妈妈打电话到店里去订蛋糕，花了10～12美元，父母感觉也挺好，自己不用做了，这个时候就进入服务经济。等到丽贝卡的女儿过生日，她专门找一家公司帮她做，女儿和小伙伴到农场里去做体验享受，花费146美元，叫体验经济。

旅游业要从商品经济到服务经济再到体验经济，旅游业是体验经济的先锋，体验式旅游是旅游业的蓝海，精心规划设计游客的体验是旅游产品的灵魂。丽江古城、成都宽窄巷子是体验式旅游的范例。

3.4 旅游城市要景城整合发展

成为一个旅游城市很重要的是要景城整合发展，就是风景和城市要整合，整合是什么呢？景城整合，城市是主体，往往发展旅游城市就想风景区做好（图3），风景区做得再好，如果城市做不好仍然不成功，所以一定要把城市搞好，把衡水的城市本身搞好，这是发展衡水旅游的关键。城市规划、设计、管理、运营中，除了考虑常住人口以外，还要考虑外来的短暂

旅游人口，这个是解决衡水旅游存在问题的症结，现在衡水的旅游当天来当天就回去了，搞的好的话，在这儿待两到三天就很好，即使不待三天，待一天半、两天，旅游就有很大的发展。

景城之间要有便捷的公交和其他交通，公交站牌上要有运行时刻表。城区把旅游作为主要产业，区内要有旅游项目，作为景区的大后方，要有行、住、吃、游、娱、购设施。作为一个旅游城市，厕所是非常重要的，厕所一定要清洁、卫生、方便、生态，且数量要够，地点要合适。

4 滨水区城市设计要点

滨水地区要特别注意，第一个很重要的是衡水湖的沿岸，河的两岸一定要做整体的更新规划设计，要有对水岸附近地域进行缓冲性的保护规划。

第二个就是城市的污水废水处理一定要搞好，不能让地面的污水进入河道或衡水湖。现在衡水的污染其中有一部分是径流造成的，这个需要注意。要让游客市民能够亲近水面、接近水面，不能用墙隔离开。特别要注意，在滨水的空间，现有的这些东西是不够的，要打造新的功能，比如说商业，有步行街道、特色餐馆、娱乐场所。

第三个就是打造多级亲水平台，打造好几个平台，开发公共的步行道、自行车道、残疾人通道、儿童玩的地方，再有一个是打造日游、夜游衡水湖。

第四个是关于滨水区城市设计的细节设计，灯柱内放置音响，兼做播音；花池边加宽，兼做休息坐凳；座椅尽量设在眺望水面的位置；考虑无障碍设计，如在公厕中设置残疾人专用蹲位；护栏用稳重颜色（黑、暗茶、灰色），用当地天然材料或仿制品，通透、安全；标识、导向板位置明显、可与灯具或水位标识结合；雕塑小品取材与滨水环境协调，防水、防锈、防腐蚀。

图1 衡水湖大天鹅
图2 衡水湖一瞥
图3 衡水湖美丽景色

叶耀先

YE YAOXIAN

中国建筑设计研究院顾问组工程师，原院长，教授级高级工程师，中国可持续发展研究会理事，国家人事部、住建部认定房地产估价师，耶鲁工程师协会名誉会员，享受国务院特殊津贴专家，主要从事地震防灾减灾、可持续建筑和可持续城镇化的研究。

城乡融合下的都市农业发展趋势

THE DEVELOPING TREND OF URBAN AGRICULTURE IN CIRCUMSTANCES OF URBAN-RURAL INTEGRATION

社区农园

摘要：本文通过介绍城乡融合，引出对都市农业多功能性的分析，进而分析了都市农业促进城乡融合的趋势，提出了都市农业未来的研究方向，分享了城乡共同进步，城乡融合，以人为本，实现乡村振兴，共同创造美好生活的新理念。

Abstract: This article introduces the urban-rural integration first, then it analyzes the versatility of urban agriculture. Afterwards, it analyzes the trend of urban agriculture promoting urban-rural integration and brings up the future research directions of urban agriculture. It shares a new idea of urban-rural making progress together, urban-rural integration, people-oriented rural revitalization and creating a better life.

关键词：城乡融合；都市农业；乡村振兴

Key words: Urban-rural integration, Urban agriculture, Rural revitalization

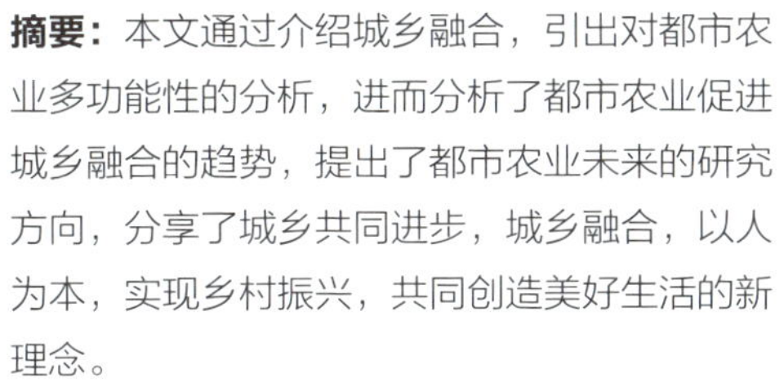

图1

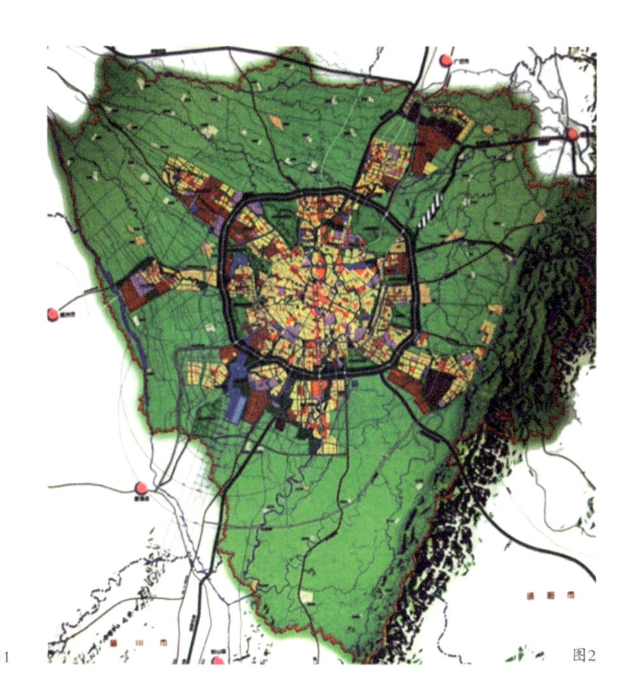

图2

经过40多年的快速发展，中国已经进入到城市型社会，现阶段面临城市转型的问题。未来，为了建设更加美好的城市社会，我们需要把都市农业融合到社会发展的进程当中。

1 城乡融合概述

1.1 城乡融合的概念

中国进入城市社会之后，当今社会的主要矛盾是人民日益增长的美好生活需要和不平衡不充分的发展之间的矛盾。所以我国在2013年的时候提出了要建设新型高品质的城市这一概念，同时乡村建设也不能落下，城市和乡村需要共同进步、共同发展。

从学术观点来看，城乡融合最早由英国学者霍华德提出。1898年，英国学者霍华德（Ebenezer Howard, 1850—1928年）在《明日的田园城市》中谈到“城市和乡村都各有其优点和相应缺点，而城市—乡村则避免了二者的缺点。”

20世纪60年代，芒福德从城市发展的立场出发，曾深刻地指出：“城与乡不能截然分开，城与乡是同等重要的，它们应当有机结合在一起。”

从英国学者霍华德到美国学者芒福德，从城乡成婚论到“城乡应当有机结合在一起”，虽然都没有明确提出“城乡融合”的概念，但从他们的论述及其学术中可以看出，城乡融合是他们的理论核心。

1.2 城乡融合的重要性

城乡融合是以人为本的要求。城市、大城市、城市群等居住方式适合当时的经济发展及技术构成。这就是以人为本，也就是人类在不断追求更美好生活的过程中为自己寻求最好的居住方式。城乡融合是高品质城市化的抓手和体现。高品质的城市化，实际上是由城乡融合体现的，也就是城市和乡村共同得到繁荣。

城乡融合是乡村振兴的根本动力。未来的乡村能不能找到自己的发展出路，取决于城乡之间能不能更好地融合。

1.3 城乡融合的案例

国内外有没有城乡融合的优秀案例呢？霍华德最早提出来田园城市，他不仅提出了这个理念，同时也在进行实践，首座田园城市是英国的Letchworth城，这个城市位于伦敦北58km处，人口有3.3万，土地面积2300hm^2。它有通到伦敦的地铁和铁路，整体区域的通达性比较好。

这是当时根据霍华德的田园城市思想所做的城市规划，也就是对莱赤乌斯城市的规划（图1）。当时提出花园城市理想结构，就是要有1个中心城市，在中心城市之外要有6个卫星城市。1个中心城市和周边6个卫星城市之间要有非常好的通达性来联系。

它以这样的理念进行了规划，通过多年的发展，已经发展成为城乡融合的国际典范。

图3显示的是丹麦的哥本哈根城乡融合的发展，城市空间布局的结构是指状，每个指状都是城市比较密集的地方，在指状之间留有大量的绿色空间，可进行农业和乡村的再发展。

荷兰兰斯塔德绿心规划，是全世界范围内城乡融合得比较好的典范。在中国，成都也是个生态宜居的城市，它留了好多T型绿地（图2），就像一个绿色的回廊，能够确保绿色廊道得到最有效的利用。

图3

图4

2 都市农业及其多功能性

2.1 都市农业的概念

目前的案例都是用都市农业的概念把城市和农村串起来，因为都市农业作为城市绿色基础设施，能够很好地连接城市与乡村，同时展现城市内部的绿色。

都市农业之所以能够扮演这样一个促进城乡融合的作用，在于它的多功能性。都市农业其实是一个比较宽泛的概念，包含了从生产加工流通消费到食品安全监管和休闲体验等整个经济过程。中国的城市包含了很大的郊区和远郊区，保存了很大的乡村地区，城乡之间的互动过程在我们国家更容易体现出来。

2.2 都市农业的多功能性

2.2.1 食品安全功能，缓解贫困及营养缺乏

从全球的视角来看，在非洲、拉丁美洲，城市农业和都市农业为贫民起到非常好的食品保障作用，提高了国家食物体系的效能，它的食用性、便利性、质量都使它成为重要乡村农业好的补充。

2.2.2 弱势群体功能，促进社会的一体化

弱势群体包括孤儿、残疾人，新的没有工作的移居者。有些人对乡村比较熟悉，突然移到城市以后，对城市的环境不太熟悉，那么他怎么样能够融入到城市的经济当中去，农业会给他提供一个非常好的切入点。在城市找一小片地块进行农业生产，确保他的生存能够得到保障，这是农业起到社会融合和社会包容的发展的作用。

另外，从目前的国际实践案例来看，都市农业主要是由城市妇女来承担的，其原因是她们在城市经济的就业当中相对处于弱势，从事都市农业的活动，有利于她们找到自己的出口。在非洲、南非等艾滋病比较多的地区，通过都市农业的发展，这类人群能够得到更好的生活和食品保障，所以它能起到一些特殊的作用。

2.2.3 当地经济发展功能

都市农业实际上是高效的农业，立体农业、室内农业和工厂化农业使城市变成生产性的城市。自己种植粮食可以节省家庭的事物开支，一些屋顶农业也可以作为一个比较好的休闲旅游和社区的具体的公共场所，同时还能为家庭成员提供非正规就业机会，提高农村收入，带动相关微型企业的发展。

2.2.4 城市环境管理，建成生态可持续性的城市

都市农业对于建成生态可持续性的城市有很重要的作用，能提高市民追求自然的意识，为市民提供休闲和教育的功能，承担身心放松的作用。另外通过把废弃的空地变成绿化带的方式使城市变得更加清洁，同时还可以改善城市的小气候，保持生物多样性。在许多发达国家，城市的公园里面也会开辟一部分土地，其中有20%~30%是用来做可持续性景观的发展，以此来增加公园的物种多样性。

2.3 都市农业的案例

阿姆斯特丹的农业中心对农业废弃物进行了一系列研究，实际上这也是废弃物的循环利用过程。都市

农业在这些方面起到了非常重要的功能。

3 都市农业促进城乡融合的趋势

3.1 城市区域食物系统构建

目前联合国粮农组织正在推动城市事物议程，到目前有200多个城市已经加入米兰条约当中，实际上主要的目的就是能够在更小区域内解决食物供应问题，同时减少食物在我们饮食过程中浪费的问题，所以他把食物做一个系统，做成一个政策方面的规划和建议。

目前我们国家有4个城市已经加入米兰条约，条约中有很多规范和最优案例的介绍，城市和城市之间也可以进行有效的学习和交流。

3.2 食物生产性城市构建

在城市内部发展屋顶农业、立体农业和循环农业，可以加强城市绿色基础设施的生产和城市食物自给自足的提升。

3.3 生态廊道的可食景观构建

我们目前发展的绿色廊道更多是作为景观让大家欣赏、休闲，在生态廊道建设中把都市农业（图4）引进来，构建这种可食景观是非常重要的。

3.4 多功能都市农业的社会服务功能

对大部分人来说，市民休闲活动可以通过周边地区都市农园的发展来实现。另外也可以实现对特殊人群的照看或者进行更好的生态教育，在多功能农业里面，社会服务功能需要进一步的加强。

3.5 减灾防灾体系构建

都市农业在环境保护方面起了非常重要的作用，是城市里面的减灾防灾体系构建里非常重要的组成部分。比如说海绵城市、城市避难所等方面的建设都离不开都市农业。

4 都市农业的未来研究方向

4.1 都市农业的食品安全保障功能

在外埠蔬菜供应与都市农业的本地生产之间求得平衡，才能建立起弹性的食物系统，提高城市应对风险的能力。对大城市来说，为预防城市灾难发生后的影响，城市政府一般在大城市里要有菜篮子储备和食物方面的储备。

北京所生产的蔬菜，很多时候是以直销以及自产自食的途径进入市场，不通过一层层的批发市场，既减少了交易过程中的农产品损耗，又能降低食物价格。未来发展时，在空间上可以进一步优化。农业产品是多种多样的，不同的产品属于不同的空间，通过研究，根据它的保质期、价值，来判断在城市地区、郊区、半城市化地区分别配置哪些农业活动。

4.2 都市农业的社会服务功能

欧洲很多城市里有市民农园， 通过生态农园市民能够找到更好的活动空间，一边吃着有机食物，一边讨论社区怎么构建，所以社区会变得非常活跃。

图5～6是在城市公园里面辟出来一部分作为学生生态教育的过程，能起到很好的教育作用。

这是荷兰的一个社会服务体系，它在城市周边的都市农园发展农场住宿、农场餐饮业等，直接消费农产品，同时有很多娱乐活动，使得社会活动多样化。都市农业园区也提供对老年人、残疾人的托管服务。

此外还有绿色、蓝色服务，有洪水时，这些地方可以变成农业用地，水下去以后，这地方依旧是农业生产用地。所以都市农业起到蓄水池的作用，是绿色基础设施和海绵城市的重要载体，也确保了自然生产的多样性。

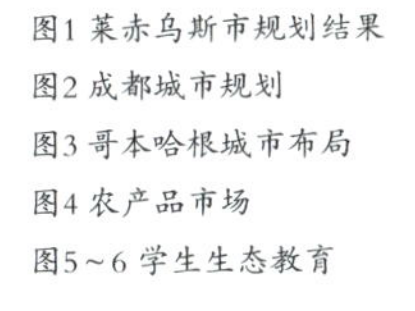

图1 莱赤乌斯市规划结果
图2 成都城市规划
图3 哥本哈根城市布局
图4 农产品市场
图5～6 学生生态教育

蔡建明
CAI JIANMING

国际都市农业基金会中国协调员，中科院地理与资源研究所研究员、博士生导师。中国农学会都市农业和休闲农业分会副理事长、城市规划学会城市与区域规划专业委员会委员，中国地理学会城市专业委员会委员，世界银行、亚洲开发银行、联合国人居环境署等许多国际机构及国内众多城市咨询专家。

南荷兰省的城乡规划

URBAN AND RURAL PLANNING IN ZUID HOLLAND

摘要：荷兰有悠久的治水历史，而当下荷兰需要应对气侯变化带来的问题。荷兰政府工作中最重要的一项任务就是对环境问题进行综合治理。荷兰在立法和实践方面，都在努力创造更多的绿色，将家园建设得更美好。

Abstract: The Netherlands has a long history of water management, but the Netherlands recently aims to solve the problem of climate change. One of the most important aspects of the Dutch government's tasks is to comprehensively governance the environmental issues. The Netherlands is striving to build a greener and greater homeland in terms of legislation and practice.

关键词：荷兰；水管理；城乡规划

Key words: Netherlands, Water Management, Urban Planning

1 南荷兰省简介

南荷兰（Zuid-Holland）是荷兰的一个沿海省份，欧洲的几条大河都从荷兰入境，从南荷兰省入海。南荷兰省总面积约3400km^2，17%是海水，总人口360万，占荷兰全国人口的20%，人口密度是整个荷兰最高的，每平方千米有1060人。年GNP总值900亿欧元，占荷兰全国的20%。荷兰有悠久的治水历史，历史上有很多淤田，要想把淤田变成可开垦的农田就需要治水，荷兰著名的风车，其作用就是将淤田里的水抽出来（图1）。海牙是南荷兰省的首府，它也是荷兰中央政府的所在地。荷兰是全世界第二大农业出口国，南荷兰省以设施农业而闻名，这里有很多温室种植青椒和番茄(图 2)。南荷兰省还拥有欧洲第二大港——鹿特丹港（图3），此外，还有大家都熟知的荷兰郁金香。

2 荷兰的水管理机构

荷兰是欧盟国家，因此不只遵循本国的政策，还要遵守欧盟的政策。欧盟的基本政策由22个欧盟国家共同制定，然后每个国家再在此基础上制定属于本国的政策和法律。荷兰一共有12个省，300多个城市，每个城市也都会有自己的政策。

荷兰全国共有22个水务局，其中有5个在南荷兰省，水务局按照不同的水系划分辖区。荷兰的水务局历史悠久，已经有400多年的历史。历史上，荷兰是泛洪非常严重和频繁的国家，因此成立了水务局。水务局可以说是荷兰的第一个政府机构，在荷兰提到与水相关的事务，都与水务局有关。他们负责监测水质和水量，同时他们还要做废水的处理。南荷兰省的水务局是与地方的水务局合作的，在南荷兰省的城市规划当中，“水”扮演着一个非常重要的角色。

3 南荷兰省的城乡规划

与中国一样，当下我们需要应对气候变化带来的问题。过去荷兰一直与洪水抗争，但在气候变化的情况下，降雨量减少，现在经常很长时间没有降雨，干旱成为了新的亟待解决的问题。而且由于地下水沉降，城市遇到了严重的沉降问题。另一个问题就是水质的问题。荷兰属于沿海地区，所以当地下水下降的时候，海水就会入侵，不仅农业生产需要高质量的水，我们也需要高质量的生活用水。在当今的城市规划中，我们要充分考虑到气候问题带来的新挑战。去年整个夏季长时间没有降雨，生活在城市中的人们都不得不忍受酷热。如何用水给城市降温是生态规划需要考虑的重要问题。

另一个挑战是如何应对城市化进程。即使荷兰的城市化不像中国这样迅猛，荷兰也需要不断建盖房子。除了居住空间，还需要办公室、需要公路、需要娱乐，需要新鲜的空气，还需要高质量的

图2

图3

食品，最主要的是需要健康的生活。荷兰的政府工作中最重要就是对上述所有方面进行综合治理。我们参与过的政府项目，都会将解决上述挑战的方案在综合治理中体现出来。

4 立法

在欧盟的法律体系中，有一项法律规定是关于自然保护的，是希望22个欧盟国家一起在2040年达成某一目标。欧盟制定了这个目标，荷兰就要制定相应的法律和规定去实现目标。比如为了降低碳排放，不符合碳排放标准的项目工程都只能停工。保护环境不能只有政府行为，我们鼓励每一个机构、每一个家庭和个人都参与其中。比如像“绿色屋顶”这样的活动，每个人都可以在自己力所能及的范围内，去创造更多的绿色。

5 实践

在荷兰有很多古老的城堡建筑，海牙甚至有一座独具特色的日本花园（图4～5），这个日本花园被认为是1910年由一位荷兰人在荷兰建造的第一个日本花园，所以意义重大。因其独特性和历史价值，海牙市政府一直采取谨慎的方式来保护这座日本花园，2001年荷兰政府将日本花园列入荷兰国家历史古迹名单。

海牙城市中还有许多其他公园，如南公园是一块供海牙市民使用的公共绿地，可提供休闲娱乐和聚会的场所（图6～8）。西公园囊括了城市与海岸线中间的沙丘地带，现该区域变成了城市与海岸线的防护区域，也是海牙最大的自然保护区域，民众也可以在这里进行娱乐活动。沙丘的一个功能是净水，所以这里具有为城市蓄水的功能，是南荷兰省最大的蓄水区。我们与很多研究机构及城市规划师一起工作，也非常期待能够与中国同仁一起合作，因为我们面临着同样的挑战，有同样的问题，我们应该相互多了解，希望未来能有很好的合作，一起把我们的家园建设得更美好。

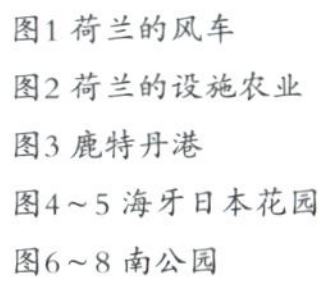
图1 荷兰的风车
图2 荷兰的设施农业
图3 鹿特丹港
图4～5 海牙日本花园
图6～8 南公园

图5

图6

图7

图8

玛哈·范·德·路易加登
MARGA VAN DE LUIJTGAARDEN
荷兰南荷兰省水利高级政策顾问。

创意灯光点亮城市夜空

CREATIVE LIGHTS LIGHT UP THE CITY NIGHT SKY

西雅图一处景观灯光设计

摘要： 光线是一种很真实的东西，它可以带领我们适应不同的环境空间，还可以引导公众感受那些充满光线和色彩变化的地方。光线艺术设计为人们提供了一种体验空间和建筑的新方式。

Abstract: Light is a physical existing substance, which not just leads people to adapt to diverse environmental spaces, but also guides them to feel these sensory places where full of light and color change. There is no doubt that the light art design provides people a new way to experience space and building.

关键词： 光线变换；空间媒介；艺术设计

Key words: Light conversion, Space medium, Art design

图1

1 光的意义

光线其实是很真实的东西，我们怎么样去创造这种真实的东西呢？在我的作品中，光线可以带领我们融入那些会让我们陷入混乱的空间，还可以引导公众进入某些由波长决定的充满光线和色彩变化的地方。当人们处于这些地方时，他们可能会产生一些奇妙的感想。光线可以将人们带到另一个空间，这个空间经过了修改并增加了密度，就好像人们是被突然吸进了这个空间中，这个空间不但可以在物理上改变他们的时间方位，还可以在生理上改变他们感知参考点。所以灯光艺术设计和大众看到的光线设计是不一样的。

光线的艺术与光源、照射物和周围环境有关，在进行设计前我们需要对光线空间进行初步的勘察，并对其进行详细分析，以便我们在设计时进行彻底的修改。一个好的设计可以为游客或用户提供了一种体验空间和建筑的新方式。光线的强弱、颜色与它的波长有关，它们会根据环境和实际情况而改变。当光线在空间中不断变换的时候，就能产生一种特别的效果，这种效果可以随着人们的行为活动而改变。下面我将用几个作品探索光线对生物系统的影响，测试人体对光线的感知极限和精神作用。

2 作品呈现

2.1 光的延伸

第一个作品有个名字叫光的延伸（图1），它的位置在巴黎，是我们和法国的建筑设计师一起来做的。作品和建筑连成了一个整体，看上去就像被悬空起来的一种发光的物质。这种发光的物质于夜间在建筑物的外墙上延伸。光线有一些渐变和运动的过程，3个三维半透明的“媒体盒”变成了移动的空间。它们可以从一个立面循环到下一个立面，并以圆形运动方式在建筑物的外表皮上传播，并重新出现在透明盒内。“媒体盒”的移动是连续稳定的，它们可以彼此融合，可以连续交错，可以相互跟随，这些都是由它们的整体框架所决定的。

2.2 持续的黄昏

第二个作品的题目叫做持续的黄昏，是法国政府和文化部委托的一个项目，作品安装在安德列马尔罗广场上，和广场喷泉结合在一起，它的开启时间从黄昏到第二天的黎明。这个作品的灯光有红色、蓝色和绿色3种颜色，因为当时的市长说他们夏日的黄昏经常从红色变成绿色，而蓝色又正好是这两个颜色的互补色。所以这个项目当一边有红色的时候，另一边就会是绿色或蓝色的，这3个颜色能够不断地在巴黎中心地带的瀑布上来回旋转。在这个相对比较古老的地区，结合周边的环境设计了这样一个作品，是比较成功的。

2.3 北京23号文化田园灯光设计

第三个作品是为北京23号文化田园设计的灯光装置，当时取得名字叫新浪潮。设计师通过绘制光束

图2

的变化过程，让光线在空中发展和展开，就像是掉落的水珠一样，光线可以使墙体处于一个比较水平的状态。同时，由于投射的光源非常密集，所以设计师换了一些光线的颜色，通过不同颜色的光融合制造一种模糊梦幻的效果。另外，灯光的色彩还可以进行不规则的变换，整个作品会呈现出一种朦胧的状态。

2.4 珍贵的瑰宝

第四个作品是巴黎的一个竞赛项目，它的名字叫珍贵的瑰宝，这个作品是由9万颗不同颜色的反光玻璃珠组成的，玻璃珠的颜色为蓝色、黄色和白色。这些珠子排列在一个圆形的水平线上，它们反射光线的强度会随着时间的增加而增加，而光线又会被周围环岛的气氛所削弱，就像欧式建筑的穹顶一样，光线会随着人们视觉角度的改变时隐时现。

这个设计是由阳光的相互作用或是由汽车前面照射灯的相互作用而激活的，当玻璃珠被照射时，它们会把光线反射到路人或者是司机的眼里，路人或司机便是该设计的旁观者和欣赏者。同时这还是一个绿色设计，它没有消耗能源，也没有消耗电力，就像一串闪闪发光的珍珠，围绕着环行交叉的路口和它周边有机的植物。这个作品非常艺术和细腻，同时还有点抽象，不同颜色的光线融合在一起，就像印象派画家的作品一样。

2.5 黄昏

第五个作品在巴黎，它的名字叫黄昏。设计者为这个作品创造了一种失重的感觉，立面的空间和时间是不可分隔的，看上去像一段时光的旅程一样，光线有时候是彩色的，有时候是纯净的，有时候是饱和的，有时候是集中的，有时候是漂浮的，给人一种立面膨胀的感觉。光线可以水平和竖直地漂移，墙体会通过光的移动时隐时现。设计者强调了光线的波动和移动，通过它们的变换，以获得新的颜色。当灯光照进场景中，也就是那个小院子里时，院子里的建筑，包括整个庭院连同里面的植被全都被结合起来。当这些彩色的光影投射到植被上时，植被可以呈现出一种色彩斑斓的感觉（图2）。正是因为光的特殊性和不断变化的光线，改变了庭院中的氛围，使它看上去有了纵向的发展，这或许也是生命或者是生物存在的另外一种方式和状态。

2.6 变换的灯光

第六个项目是由芬兰建筑设计师阿尔瓦·阿尔托为收藏家路易·卡尔设计的灯光装置，它作用在建筑的外表面上。通过这个装置，光线可以在这座建筑上相互作用，缓慢地移动、传播、徘徊、消失和重现。因为不同颜色的光波长是不同的，所以当光线在建筑上变换的时候，人们会有一种光线在来回滑动的感觉。为了达到这种效果，阿尔瓦·阿尔托在进行建筑设计时采用了各种形态、或棱角分明或扁平的墙壁，光线照射在这些墙壁上，最终相交于屋顶的水平处，看上去就像是光线完全包围了整个建筑。

光线的流动使建筑变得通透（图3），同时也使它变得更有弹性，建筑可以改变颜色，这些颜色在墙面上扩散，营造出了一种特定的氛围，在这个氛围中建筑似乎可以和人进行对话，它能够改变我们的思维过程，质

疑我们的环境。这是阿尔瓦 · 阿尔托对光的致敬。

3 结语

光线艺术创造其实是利用光线消除场地和作品之间的边界和界限（图4）。不同于大众印象中的灯光，光线艺术更像是一种媒介，可以将两个彼此没有联系的事物进行融合，就像用一个巨大的画笔覆盖在建筑的同时还能去展示它。光是生命之源，也是工具。光的颜色是城市居民感知夜晚的关键，是使我们的眼睛、身心也可以愉快地吸收感受的新的创造模式。光是一种艺术的载体，其目的是扩展人们对世界的感知和认知。

图1 光的延伸
图2 灯光设计提“靓”高端住宅私人空间
图3 灯带的修饰效果显著
图4 灯光亮化设计

娜塔丽 · 朱诺 · 蓬萨
NATHALIE JUNOD PONSARD

法国视觉艺术家，法国巴黎高等装饰艺术学院教授。从事艺术创作30余年，多次获得法国及国际奖项，并著有多部著作，在欧洲及亚洲很多国家和地区都有个人的艺术创作。

通过景观干预进行的坎达巴沼泽保护

PRESERVATION OF CANDABA SWAMP IN PAMPANGA THROUGH LANDSCAPE ARCHITECTURE INTERVENTION

迁徙的鸟类

摘要： 坎达巴沼泽是菲律宾最重要的湿地之一，在生态系统中占据很重要的地位也有很高的利用价值。本文叙述了坎达巴沼泽遵从7个生态工程原则进行的湿地保护以及休闲管理。

Abstract: The Candaba swamp is one of the earliest wetlands in the Philippines, which is of great importance and high utilization value. This paper describes the use of seven ecological engineering principles to do wetland protection and recreational management.

关键词： 城坎达巴沼泽；生态工程原则；景观设计干预

Key words: Candaba swamp, Principles of ecological engineering, Landscape design intervention

1 背景情况

坎达巴沼泽（图1）是菲律宾最重要的湿地之一，位于菲律宾中部坎达巴省东侧，由于这里也是重要的鸟类迁徙保护区之一，因此在国际上也久负盛名。

这里海拔低、地形复杂，有很多淡水池塘，由于没有水循环，因此雨季经常发生洪涝灾害。旱季时，池塘内会全部种植大米或者是西瓜等农作物，形成一个自然洼地，将上游汇聚到这里的水净化之后再排放到下游。

过去，这里还有传统的捕捉水鸟等狩猎活动，现在也已经不允许了。这里还是一个绝佳的观鸟场所（图2），因为距离市中心比较近，交通便利，因此会有很多人慕名而来，而且这里具有提供户外娱乐和环境教育的潜力。

坎达巴沼泽湿地是一个重要的生物多样性热点区域，每年会有7000只鸟迁徙经过这里，特别是从西伯利亚、中国和日本，甚至从新西兰来的水鸟迁徙时都会经过这里，这里还作为多种候鸟的首选筑巢地而获得了国际认可。迁徙高峰期时会同时聚集多种水鸟、小型的哺乳动物和两栖动物等，十分壮观。

在这里，可以看到很多在其他湿地看不到的鸟类，这里不仅是生物的栖息地，还是一个天然的城市污水净化池，将邦板牙河上游的水净化以后再排放到马尼拉湾。根据2018年菲律宾鸟类生物多样性区域报告显示，坎达巴沼泽区域的生物多样性受威胁程度非常高，需要马上采取补救措施，但现在整个状态并不太理想，补救行为也有所欠缺。

在众多威胁沼泽地的因素中，最主要的是用地性质的改变，如沼泽湿地变为农业用地、捕猎导致生物多样性减少等行为。沼泽地的破坏给迁徙的鸟类带来了很大的干扰和损害，从2008年至2018年的10年间，湿地消失的趋势是显而易见的，迁徙鸟类的数量也从原先的17000只减少到1149只。不仅是数量，水鸟的种类也从2008年的80种下降到2019年的16种。

2 湿地的重要性

湿地就像地球的肾一样，它不仅可以用于洪涝的防护，地下水的补给，水源的净化，减缓气候变化带来的问题，也可以用于娱乐和旅游活动。湿地也被叫做大自然的超级市场，因为它是许多食物链中的一个关键环节，对保护生物多样性起到至关重要的作用（图3）。

3 价值评估

坎达巴沼泽湿地的风景环境质量很高，湿地颜色主是以绿色和棕色为主，这里不仅有大量稀有鸟类的迁徙，湿地的水资源还具有防洪的重要功能。围绕着水稻和芦苇丛，周边就是当地的农民用秸秆搭建的房屋（图4）。

4 景观介入——规划设计的原则性的措施

要相信大自然的生态系统，因此我们只需要用最少的人为活动帮助它进行自我修复。设计时一定要考虑到周边可利用的自然资源，在这里河流就是最好的资源。

当然我们还需要考虑其他环境要素，比如当地的水文要素、生态景观要素和气候等。我们同样需要考虑到生态系统自我修复所需的时间，我们不是为设计而设计，而是为功能而设计，所以不应该有太多功能性的介入。

4.1 目标

设计时我们首先要考虑管理、合作以及娱乐活动。这里说的管理不是进行人为的干预，而是将景观与自然融合，与自然和谐相处，形成一种自下而上的管理方式。

同时我们需要了解合作的重要性，改善自然生态需要政府不同层级管理部门的合作，也需要不同利益相关者团结起来合作。我们也要重视湿地的休闲娱乐功能，改善后的湿地可以为当地人及游客创造一个亲近自然的户外环境。

从生态系统评估表（图5）中我们将生态系统服务，比如支持性服务、调节性服务等与人类健康福祉建立直接的联系，这样可以评估出湿地目前的状态，以及可以为人类带来的相关益处。

4.2 干预

在景观介入方面，需要最大程度地保护自然的生态资源，而且需要做合理的分区，湿地周边应支持步行道路，禁止机动车的进入以及任何设施的搭建。同时考虑到坎达巴沼泽所在的吕宋岛是国际旅游胜地，因此考虑生态的可持续发展以及生态旅游也是至关重要的。

迁徙的鸟类对湿地和人类来说都非常重要，它们的存在意味着我们拥有优质的水资源和良好的食物来源，因此它们对我们的需求，也是我们对它们的依赖。

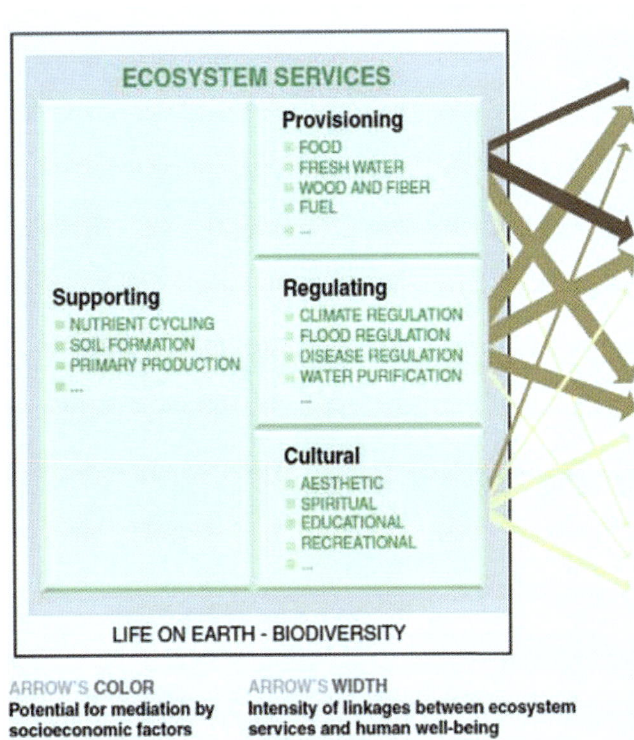

图4

图5

沙伦·佩里恩

SHARON PERION

菲律宾大学建筑学院教授，建筑师，景观设计师。菲律宾建筑师联盟（UAP）成员，菲律宾景观设计师协会（PALA）成员，国际景观设计师协会（IFLA）成员。

图1 坎达巴沼泽
图2 绝佳观鸟场所
图3 生态中重要的湿地
图4 鸟类迁徙
图5 生态系统评估

回溯源头
——整体性与综合性的韧性城市设计途径

BACK TO SOURCE: A HOLISTIC AND INTEGRATED APPROACH TO RESILIENT CITY DESIGN

图1

摘要：设计不仅是让城市的景观变得更美，还要思考如何给城市带来活力，增加城市公共空间，与城市生态环境有机结合，提高城市的整体性与综合性。文中详述了哥本哈根旧城应对气候变化的设计，同时兼顾生物友好，创造具有活力的多样化栖息地。在《新加坡ABC水计划》导则下的碧山公园改造设计，从雨洪管理到生态净化、生态修复，整个项目都为河道整治，尤其是自然河道的修复奠定了良好的基础。

Abstract: Design is not only to bring beauty to the city, but also to rethink how design can bring vitality to the city, increase the urban public space, integrate with the urban ecological environment, and improve the integrity and comprehensiveness of the city. The paper details how the old city of Copenhagen has been designed to cope with climate change while being biological friendly and creating habitats for biodiversity. The design of Bishan Park under ABC Waters Design Guidelines in Singapore, from rain and flood management to ecological purification and ecological restoration, has laid a good foundation for river regulation, especially the restoration of natural river.

关键词：哥本哈根旧城整治；ABC水计划；生物友好

Key words: Design of the old city of Copenhagen, ABC Waters Design Guideline, Biological friendly

1 重新思考设计

从景观设计师的角度来讲，做设计的时候，应该重新思考我们的设计。一条排水渠，它只有一个作用，就是把雨水快速排入到海中，而且要非常低调的进行。而作为景观设计师，希望用一种智慧的设计使这个地方在满足排水功能的同时，还可以美化城市，甚至可以为城市注入新的活力，增加城市的公共空间。

在思考治水的同时，我们也有很多创想或者是设计灵感来源于自然。自然界中有很多的沙洲，这是水在汇入河流和海洋前形成的，“取之自然，用之自然”就是这个排水渠的设计理念，再加入一些净化雨水的措施，可以有效利用水资源。“设计”固然重要，但“有效实行”也是非常重要的。

2 哥本哈根旧城的改造

面对一些老城，我们应思考如何重新设计改造，才能使之能够应对当今气候变化带来的挑战。

哥本哈根的旧城呈中间高两边低的态势，下雨的时候雨水会淹没两侧的商铺。于是通过重新设计使地形中间低两边高，下雨时雨水会汇集到中间的雨水带，这样就不会对两侧商铺造成影响。在做设计时，不仅要考虑城市如何为人服务，还应该考虑人与景观，人与自然的和谐相处，这才是我们所倡导的生物友好性设计。

做一些地形设计时，通过设计一些小水系，在满足雨洪功能的同时，还可以创造多样化的生物栖息地，生物可以找到属于它们的空间，雨水也能够及时排走。

3 碧山公园河道改造

在新加坡，传统的给排水系统都是把雨水排入到市政管网，再通过市政管网排放到河流或海洋，然而新加坡所需的部分淡水资源需要从马来西亚进口，在这种背景下，新加坡国家水务局和公用事业局联合发起了“新加坡ABC水计划”，其目标就是实现水源多元供给，应对国家水资源匮乏的问题，同时整合周边的土地开发，创建出服务于市民的水滨休闲活动空间，将新加坡建设成为活力的花园水城。“新加坡ABC水计划”表示的含义是A——活力(Active)，B——美观(Beautiful)，C——干净(Clean)，将每一滴雨水收集起来，做成景观或者一些更有活力的水

图2

景，让城市更加美好。

在《新加坡ABC水计划》的管理策略中，碧山公园河道两侧的用地会增设一些活动项目，同时也会根据用地功能的不同设计不同的净水措施。碧山公园（图1）最初的河道像一条笔直的高速公路，无法加以利用，公园景观与河道也是完全分离的。在我们重新设计之后，碧山公园拥有了一条自然蜿蜒的河道（图2），将公园景观与河道结合起来，使河道兼具排水功能的同时也成为城市公共空间的一部分。不仅如此，还模拟了这条河道不同季节的水位，保证河道行洪和防洪的功能（图3）。新的河道功能可以抵抗百年一遇的大雨，解决了新加坡城市行洪的挑战，待雨水快速排走之后又恢复成了一条美丽自然的小溪。同时我们还会做一些水利模型，来测算剪切力和流速等，根据

图3

模型来设计河岸。根据河溪生态工法，我们在新加坡实验了64种工法，最后选择了13种，由于新加坡没有任何文献可以参考，所以我们借鉴了阿尔卑斯的河道修复方法。

河道旁边净化装置负责雨水与河水的净化，水质基本可以达到健康用水的要求，其中部分净化完的水用于儿童戏水广场（图4）。我们可以直观地看到新碧山公园给城市带来的价值，基本上实现了ABCDE——活力、美观、干净、生物多样性、经济增长，改造设计让公园的绿化覆盖率增加了12%，为孩子们创造了可以和水近距离接触的环境，提高了城市活力，提升了生物多样性，并让周边的地产增值10%。不仅如此，人们又可以重新看到在新加坡即将灭亡的白鹭鸟（图5）。白鹭鸟是新加坡即将灭亡的鸟类，适宜白鹭鸟生存和栖息地方刚好是淡水和盐水交汇的河口，我们通过创造多样的生物栖息地，让白鹭鸟可以重新找到适合它们生存的环境。正因如此，白鹭鸟又回来了。

无论是从社会效益、经济效益还是教育意义上，碧山公园河道改造项目都为河道的整治，尤其是自然河道的修复奠定了一个非常好的基础。碧山公园河道改造项目迄今已经获得七八个国际奖项，不仅为国民创造了一个绝佳的生活休闲场所，还成为新加坡有名的旅游目的地，新碧山公园的生态不仅没有被破坏，反而越来越好，还为国家带来了正向的经济效益和社会效益。

图1 碧山公园鸟瞰图
图2 碧山公园设计后河道
图3 雨水期
图4 儿童游乐园
图5 公园中回归的白鹭

肖恩·理查德·马丁
SEAN RICHARD MARTIN

安博戴水道中国区设计总监。风景园林学士和国际规划发展学硕士，擅长跨专业沟通协作，拥有国际性的设计视野及项目管理理念。主要研究方向及设计兴趣在于水资源有关的气候变化适应性研究、可持续性景观设计、设计评估以及战略规划等。

水适应性蓝绿基础设施以及在中国的应用

WATER RESILIENT BLUE-GREEN INFRASTRUCTURE AND ITS APPLICATION IN CHINA

滨水城市——威尼斯

摘要：人类依水而居，水与城市关系密切，水给城市带来了契机也带来了困境。水韧性就是城市水系统的能力，能够预测、吸收、适应、应对和从冲击、压力中吸取教训，以保护公众健康福祉和自然环境，并最小化经济损失。良性的经济效益循环可以实现可持续价值的创造，城市河流可以形成城市最有活力的生态文明经济带。

Abstract: Human being lives by the water which means that the water is closely related to cities. Water gives the cities opportunities and challenges at the same time. Water resilience is the main ability of the urban water system to predict, absorb, adapt, respond, and learn from conflicts and pressures. It can improve the social well-being and the natural environment, further minimizing economic losses with a benign circulation of economic benefit. It could create increasingly sustainable value, and promote the urban rivers to form the most dynamic ecological civilization economic belt within the cities.

关键词：滨水城市；基础设施；生态文明

Key words: Waterfront city, Infrastructure, Ecological civilization

图1

1 水与城市

人类是习惯依水而居的，最早的两河文明也是由水发展起来的。中国的城市格局基本上都与水有关，有些是水流穿城而过，有些是水绕在城边，有些则像衡水一样有一个巨大的湖在城市的外面。目前国际上的发达城市都是和水有关联的，衡水未来的发展可能会走向拥湖发展阶段。

1.1 工程方案下的城市发展

水和城市有非常紧密的关系，世界上产生了很多著名的滨海城市和滨河城市，这些城市都非常有意思，不论发达与否，都有其独特的城市魅力。由此可见水在城市发展过程中的重要性和深刻基因性。

在历史长河里，特别是中国快速城镇化的几十年当中，水在中国城市的发展中大都是以工程理念的方式出现，按照专业术语就是用防洪堤、防洪坝的方式来处理水和城市的关系。

1.2 不可持续的城市化

不管是作为一个景观师、规划师，还是生态规划师，我们可以发现在中国发展的过程中，工程发展方向和国际上有很大差异，中国的工程是不可持续的。

2012年，曼谷的水灾持续了几个月，洪水涌进曼谷北部区域，逐渐进入市中心区（图1）。当时大家调侃说，出现一场大雨就可以看海，房子就能变成海景房，这就是工程的不可持续性造成的。

1.3 自然和谐的城市

处理水和城市的关系，有很多成功的案例。首尔有一条通往汉江的河，大约10.84km，流经面积将近60km^2，周围是首尔比较富裕的区域。在20世纪60年代的时候，这个区域被水面覆盖了，20世纪70年代时为了缓解交通压力建造了高架。韩国前总统在2003年任首尔市市长的时候恢复了河流，这也是他竞选总统时的巨大业绩。这里是整个首尔非常重要的一个区域，河流不仅改变了生态环境，还提升了周边土地的价值，一些高端的社区和文化设施也在周边进行了布局。不论是生态效应、社会效应还是经济效应，都得到了很好的发展。

2 水与城市的未来

水与城市的未来到底是什么？世界各国的学者做了很多尝试。发展中国家和发达国家一直按照联合国提出的SDG可持续发展目标处理城市与水的关系，推进城市空间规划和经济发展。在评估项目时，是否符合联合国可持续发展目标和提升社会效益是很重要的评估标准。

水与城市是否符合联合国可持续发展目标，其实也是可以量化的。水给城市带来困境同时也能带来一

图2

些契机，在人们防洪、节水、保水的过程中，提高经济基础，人们的环保意识也慢慢觉醒。

3 城市水韧性

3.1 什么是水韧性

从实践和理论来讲，任何一个城市都避免不了自然灾害和外来的冲击，无论是战争，地震、洪水还是台风（图2），哪怕像纽约这样的先进城市也不免遭受冲击，应对冲击时候的反应以及灾后的恢复能力就是韧性。水的韧性包括人力、社会、经济、政治和自然资源等，如何预测、吸收、应对自然冲击力，以保护公众健康福祉和自然环境，减少经济损失是城市水韧性的目标。

水资源综合管理，包括流域的防洪和城市的防涝以及污水的治理。通常我们说七水共治，包括水文、水力、河貌、物化特性、生物特性、景观、文化和经济，从改善水环境的生活底线需求，到生态修复、水质改善，实现经济价值诉求。

3.2 水环境综合治理策略

从整个上游集水区的剖面图中可以看出水环境综合治理的策略（图3），从生态区，包括一些修复区、防涝区到城市发展的中心城区，到污水处理，甚至面向未来下一代的智慧型的水务基础设施建设，都将水和城市的包容性及和谐性完全体现出来。这就是城市共生的概念，包括与水的共生、与能源的共生以及与生物多样性的共生，这个剖面通过物理的空间将其全部展示出来，这是最早纽约治理水环境时总结和实现的模型。

3.3 城市水韧性方法的实现原则

实现城市水韧性必须做到以下几方面。(1)包容性与透明度。汇聚水环境和城市利益相关方的各类观点，以激发具有整合、包容性的城市水韧性行动。基于系统的考量，将水韧性系统与其他系统的内部相互依赖性纳入考虑范畴。(2)整体性。集合引领与战略、规划与经济、基础设施与生态系统、家庭与社区维度的水韧性。(3)行动导向。倡导主人翁精神、改变自身的前进和发展步伐，以切实提升城市水韧性。(4)规模化与全球化。水韧性的方法可从城镇扩展到大城市，最终适用于全球环境。

关于共创城市水韧性方法，我们目前选了15个城市，包括英国、美国、墨西哥等欧洲、亚洲、美洲、非洲城市。我们归纳了1577个要素，最后总结出12个目标，形成城市水韧性的框架，这个框架也是联合国人居署推出的水韧性框架，里面有62个定性指标、40个定量指标，也是推荐给全球所有城市和国家推进水韧性方面的目标。

城市水韧性方法分为5步，首先是系统理解，其次是城市水韧性的评估，再来是行动方案的制定和行动方案的实施，最后进行方案评估、学习与优化。可行动性是城市水治理的工具，政府的管理部门能够通过这个工具来管理和监控城市水韧性。

3.4 城市水韧性的挑战

我们面临着一些比较有共性的8个城市水韧性挑战，包括飓风、基础设施故障、沿海洪水、海平面上

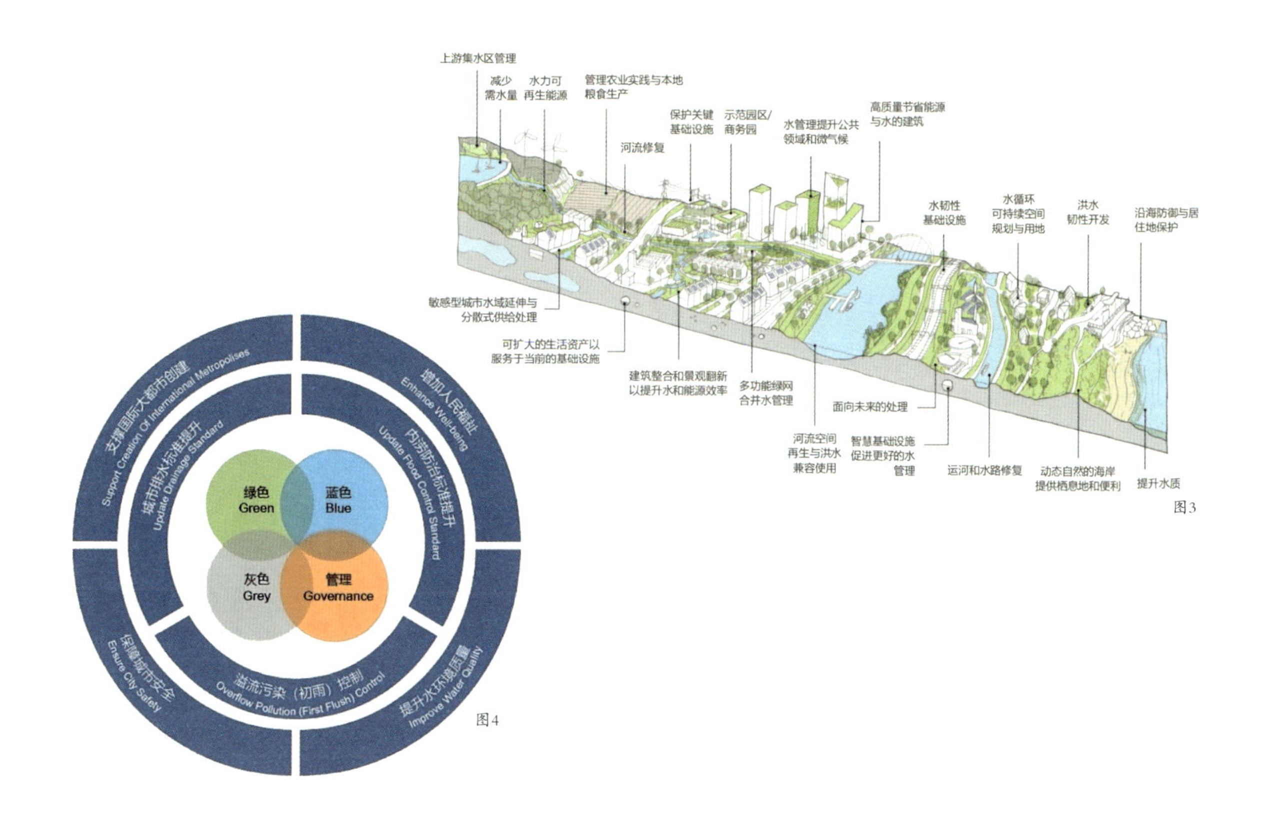

图3

图4

升、降雨引发的洪水、交通、急剧贫困、可负担的住房。7月份刚刚完成的迈阿密及周边海岸（GMB）区域的城市水韧性评估，可以根据评估来识别更具韧性的水供给和维护系统对应指标，包括和相关机构的合作制定和实施行动方案。迈阿密政府已经把水韧性方案作为城市发展的核心战略方案，把水治理战略和大家的健康、幸福度结合在一起，将基础设施和生态系统结合在一起，将城市规划和经济发展结合在一起。

4 上海市中心城雨水排水规划

在国内相对比较重要的上海中心城区，我们做了600km的给排水计划。在专家评审会上，住房和城乡建设部和中科院的专家提出，如果这个方案能够实现，将会对中国给排水带来里程碑式的影响。

我们梳理出上海在水和水韧性方面的12个要素。上海是一个非常有趣的滨海城市，但是面临着倒灌、污染、潮汐、台风等灾害，同时上海又是中国人口密度最大的城市，所以上海面临的挑战非常大。

世界银行曾提出了一个观点，希望绿色基础设施能为全球财政缺口开创新机会。在很多情况下，将绿色基础设施与传统的灰色基础设施相结合，可以提供增强系统表现和更好保护社区安全的新一代解决方案。在整个城市的规划里，我们总是强调打造蓝绿交织的网络，但忽略了灰色，也就是现有的基础设施，怎么用好现有的基础设施，包括下一代基础设施是非常重要的。如果把这4项基本目标实现就能够做到水的韧性，当然也要贯彻整体性、系统引导、适应性和智能的规划原则（图4）。

我们将整个600km^{2}的区域分成12类用地，通过机器学习的方式进行大数据分析，将上海中心城区600km^{2}的土地全部量化。我们还采用了一些策略要素，如在苏州河做一些安排，最后形成上海市的综合管理，也就是蓝色、绿色、灰色和管理。怎么样把现有的灰色优化，新的灰色怎样建设，怎样进行布局，这是我们在上海做的蓝绿灰管的实践。

5 结论

良性的经济效益循环可以实现可持续价值的创造，这种实现不仅包括水文、水力，还有生态、经济和文化。城市的河流并不是负担，它需要我们去“输血”，但它也会“造血”，城市的河流可以形成城市最有活力的生态文明经济带。

图1 曼谷水灾
图2 利兹洪水
图3 水环境综合治理策略
图4 水韧性目标

张祺
ZHANG QI

法国里尔一大经济学博士，英国皇家建筑师，国家发展和改革委员会一带一路研究院专家，原美国 AECOM 大中华区副总裁，现英国 Arup（奥雅纳）董事/城市创新中心总经理。从事区域/城市经济、规划设计咨询工作，拥有丰富的国际先进规划理念和经验，是多个地方政府专家顾问。

基于环境的城市公共空间景观营造

LANDSCAPING URBAN PUBLIC SPACE BASE ON THE ENVIRONMENTAL SITUATION

北京野鸭湖湿地公园

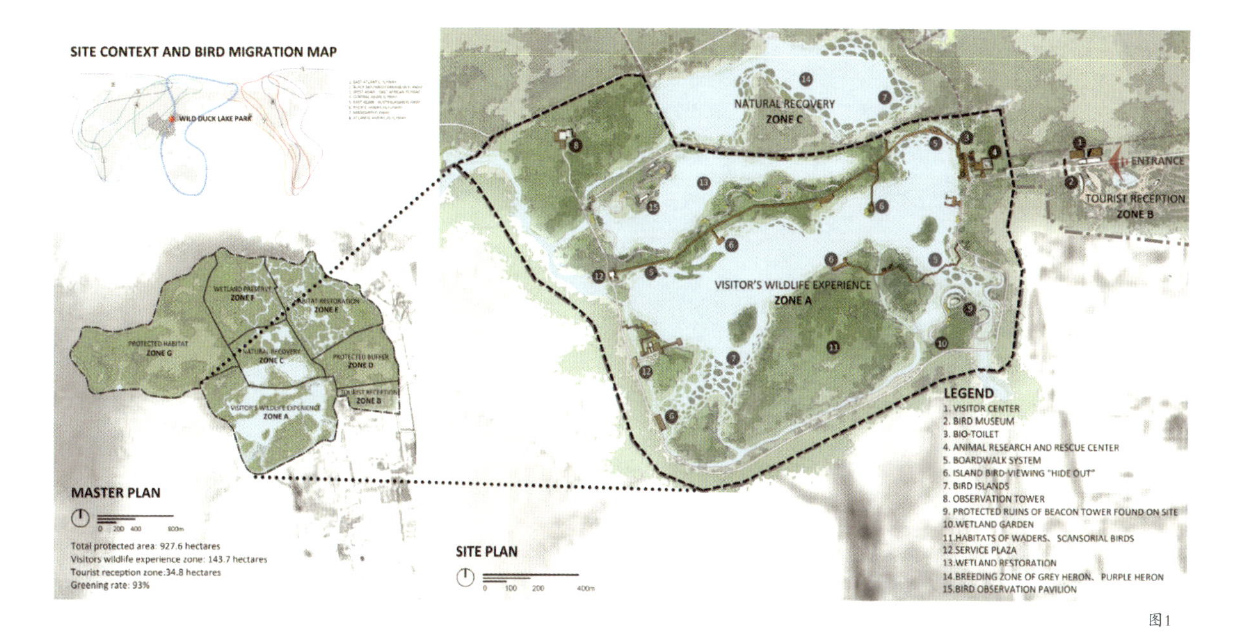

图1

摘要： 在城市化进程中，规划设计师要关注城市设计，关注城市可持续发展，关注城市规划中的生态规划。衡水是一个滨水城市，滨水城市的5个设计要点包括可达性、实用性、生态性、参与性、趣味性。

Abstract: In the development of urbanization, urban planners are paying more attention to the urban design, urban sustainable development, as well as ecological arrangement of urban planning. In this paper, Hengshui as a classic waterfront city is selected as the case study. By analyzing this city, five aspects which are vital to be focus on in the designing process for a waterfront city, are accessibility, practicality, ecology, participation, and interestingness.

关键词： 城市公共空间、滨水城市、规划设计

Key words: Urban open space, Waterfront city, Urban planning design

以一种游者的眼光，寻找一个城市里值得看的地方，在衡水一定不能错过的东西，就是衡水湖和冀州古城墙。冀州古城墙是做文旅规划特别好的资源，一个城市要有故事，有文化，有历史。

习近平总书记参观上海杨浦区滨江城市公共空间时提到，历史文化记忆是城市很重要的灵魂，这是我们特别宝贵的资源。城市公共空间设计也因此受到了关注。

1 现阶段城市发展状态与趋势

工业化、标准化及高效率生产，为中国的现代化城市建设带来了30年的高速发展，也带来了新建设环境的雷同以及城乡设计的个性丧失。伴随着以往工业时代遗留下来的生态环境问题频发，生态环境的修复工作也变得愈发重要，城市环境设计在生态修复过程中的作用也愈发不容忽视。

大家都向往都市的美好都往这个地方聚集，由于网络的存在，使这种聚集表现成为一种程度上的去中心化。过去我们是先搬到城市再进行交往，但是现在我们先在网上交往，然后再搬到一个城市去，这是非常有意思的趋势。

2 城市化进程中，我们应该做什么

在城市化的进程中，我们应该做什么，我们能做什么。城市中有管理者，有建设者，有使用者，规划设计院更多地扮演一种建设者的身份。作为建设者，首先就要了解当前社会的大背景，相关的政策。现在很多政策都注重生态环境，为建设提供很多利好，特色小镇、文化、再生利用、景观这些字眼频繁出现在相关政策中。

建设者首先要做的就是开展调查和评估，全面调查评估城市自然环境质量，提出城市中存在的问题和不足。其次是加强规划引导，根据生态修复城市修补的需要，抓紧修改完善城市总体规划，编制老旧城区更新改造、生态保护和建设专章，确定总体空间格局和生态保护建设要求。最后是制定实施计划，各地要根据评估和规划，统筹制定城市建设实施计划。

3 规划设计师的角色定位

规划设计师的角色不仅仅是体现在图纸上，我们应该协助甲方组建规划设计团队，其中包括发展商、规划景观师、建筑师、园林师、工程师、室内设计师、生态学家及其他各科专家。

规划设计师要协助甲方进行产品定位。我们可以把复杂问题简单化，考虑所有与人行为关系不大的自然层面，包括气候、水流、地理、植被等，也要关注社会层面，有没有可以挖掘的文化、故事、历史等，一个有故事的小城是更吸引人的。

利用规划设计师的专业技能。在规划设计时要考虑到我们不可控的天灾人祸，所以要做到弹性的设计。弹性设计已经超越了经常提的可持续性，可持续性追求的是一种平衡，发展过程中还要保留自然。在遇到不可控情况的时候，比如火灾、地震，我们能够从规划上预先考虑到灾后快速恢复，这是规划设计要思考的理念。

最后是社会职责。对于城市，我们从区域规划开始，以生态理念为引领，最后做到细节的设计。易兰设计规划院在土地规划、城市设计、景观设计、建筑

图2

图3

图4

设计、旅游规划、生态系统修复这几方面较为擅长，项目操作以研发为导向，拥有国际团队，与国际国内各个专业的部门合作，跨界融合，以每个项目为中心，进行国际交流。

4 规划设计的10个步骤

规划设计可以划分成10个步骤，包括项目策划阶段、用地分析与市场分析阶段、概念性规划草案阶段、概念性规划方案阶段、详细规划阶段、报批融资阶段、场地设计方案阶段、场地设计初设阶段、场地设计施工图阶段、施工配合阶段。在接到开发商委托设计任务之后，由风景园林师领头负责组织工作团体，团体的构成通常有建筑师、相关的工程师、土地规划者、经济学家以及法律等方面的专业质询人员。工作团体针对项目的发展目标和基本要素进行分析，协助业主拟定项目内容以及各子项的配备，制定工作计划和大纲为下一步工作进行做准备。最后到施工配合阶段，在这个阶段，风景园林师的职责是同施工单位进行会晤交流，对设计方案进行最后的审查，同时协助监理施工的进行，确保设计方案的最终实施。

5 滨水城市的5个设计要点

衡水是一个滨水城市，在规划设计时有几个很重要的点，包括可达性、实用性、生态性、参与性、趣味性。现在的公众参与越来越受到重视，很多城市公园要让周边的居民参与，一定要有趣味性。

5.1 北京野鸭湖湿地公园

北京野鸭湖湿地公园在北京郊外，是北京市面积最大生物多样性最丰富的野鸭湖湿地自然保护区的缓冲区，占地面积6873hm^2。易兰设计团队从生态保护的原则出发，综合考虑景观设计、建筑设计、环境修复工程设计，全方位参与打造了这个集生态保护和科普教育为一体的生态湿地公园（图1）。

几年前由于规范管理，或者说法律法规执行不严格的情况下，公园很多地方的水是堆积的，而且垃圾比较多。我们清理了垃圾以后，不仅是把人作为公园未来的游人，把自然的动物、植物、鸟类也当作我们的客户，放在同等的重要程度上来考虑。当鸟类喜欢这个地方的时候，其实也就做到了生物多样性。

设计团队在建设过程中因地制宜，根据不同基础条件构建不同的生态环境，以满足适应不同生境的物种。据统计，通过栖息地恢复策略，野鸭湖从被侵袭破坏的栖息地已变为300种鸟类和478种植物的栖息地。设计团队分析了原场地的生态敏感度，从而划分出不同级别的保护区，利用生态修复的手段，以灌木、草本和水生湿生植物种植为主，充分保护提升了自然湿地、动物栖息地的生态环境。

5.2 成都麓湖红石公园

麓湖总部经济及创意产业发展片区简称“麓湖生态城”，是一座以稀缺的生态环境为基底，聚合高端居住、商务、商业及休闲娱乐等城市配套为一体的新城，距成都市中心约20km。麓湖红石公园建设范围位于麓湖生态城中心地带，占地约15万m^2（图2）。

我们在考察时发现当地有裸露的红砂岩，将其提炼出来放到景观里，成为了公园中的一个特色，于是就叫做红石公园（图3）。成都当地政府也很认同，而且把地铁站也更名成红石公园，这是对生态性的注意。

5.3 临汾涝洰河滨水环境改造

在临汾涝洰河滨水环境改造中，设计师把人和动物同时考虑到，为了治理这条河流，将人的行为路线重新规划，而且将上亿平方米的瘀泥挖掘出来重新压缩，进行堆岛（图4）。

5.4 文昌湖滨湖公园

设计团队在规划及设计过程中，既深研鲁地丰厚的文化背景，又重视现代规划理念的融入，以“生态、自然的规划理念”为核心，同时结合旅游功能需求以及周边居住功能需求对项目进行多层面的立体分析。在景观设计过程中，充分发挥生态系统的整体协调功能，将景观设计和自然环境紧密结合，以自然、生态的设计理念，将文化价值、社会价值等众多价值体系，转换成让人留恋的景观形式。将文昌湖滨湖公园设计为充满意境与内涵、满足现代旅游与生活需求的、自然美与艺术美相结合的和谐城市公共空间。

滨水的项目要有可达性，要有功能性，要有生态，还要有趣味，要人参与，但是处理时要考虑到水位

高和低，不管是高水位还是低水位，人和水都有可亲近的平台，这是项目建设具体过程中考虑的处理手法。

5.5 常德老西门

老西门项目位于湖南省常德市中心城区，临武陵阁广场（图5）。易兰设计团队与建筑师完成了对历史基地和人文遗存的恢复及改造。运用现代建造技术手段，融入艺术、文化、自然三大核心元素。通过一系列城市更新的手法，将原有破败的城市街区，演变成现代时尚的新商业街。为广大市民呈献出具有历史意义和社会价值的城市公共空间。

缔造一个精品项目需要无数次推敲和打磨，它是历史与现代的精彩对话，是常德老西门的涅槃重生。

6 城市设计的5个原则

首先要为下一代留有余地，向郊区扩张的代价非常高，是不可取的城镇化方式。我们不要把所有的东西都建得满满的，要把城市的发展界限留好。城市的基础设施，包括警察局、医院、学校都集中在老城，我们应该把老城潜力挖掘出来，而且要为现在的新选择而规划建设，最有效地利用现有资源，吸引最佳人才，最终要促进地方的经济成长和财政收入。

北京首钢冬训中心利用首钢现有的资源，让首钢重生（图6）。一个旧的街区通过改造仍然是街区，但它有了新的生命。旧的工业厂房、旧城址用地也可以改造，人口密度在上升，但是中间的草地永远都在，我们要让生态一直都保留下来。

图1 北京野鸭湖湿地公园规划图
图2 成都麓湖红石公园
图3 红砂岩
图4 临汾涝洰河
图5 常德老西门
图6 北京首钢冬训中心

唐艳红

TANG YANHONG

易兰规划设计院ECOLAND合伙人/集团副总，中国城市规划学会风景环境规划设计学术委员会委员，北京女风景园林师分会会长，中国勘察设计协会园林和景观分会常务理事，北京园林学会常务理事、中国风景园林学会规划设计分会理事，美国城市土地规划研究院ULI会员，美国风景园林协会ASLA会员，清华大学EMBA及建筑学院景观系、北京林业大学园林学院、北方工业大学建筑与艺术学院客座教授，意大利米兰理工大学特邀教授。

水生态系统
保护、修复、利用的思考与实践

THINKING AND PRACTICE OF WATER ECOSYSTEM PROTECTION, RESTORATION AND UTILIZATION

自然中无处不在的水

摘要：本文阐明了水生态系统的概念，并提出了水生态系统的保护与修复的措施。以上海后滩公园为例，就生境与生物多样性进行了详细说明，从水环境质量标准修订、植物群落修复、微生物群落修复3个角度提出了相应的建设性意见。

Abstract: This article clarifies the concept of the aquatic ecosystem and puts forward the concepts of protection and restoration of the aquatic ecosystem. It also clearly points out the difference between both and lists the measures for ecological restoration and ecological protection separately. Moreover, it determines one of the classic cases, Shanghai Houtan Park which achieves the success of protection, restoration and utilization of aquatic ecosystems. This article illustrates the habitat restoration and biodiversity restoration in detail. The final part is the summary and review of the corresponding suggestions in terms of three aspects, including water environment quality standard revision, flora community restoration, and microbial community restoration.

关键词：水生态系统；上海后滩公园；水体治理

Key words: Water ecological system, Shanghai Houtan Park, Waterbody governance

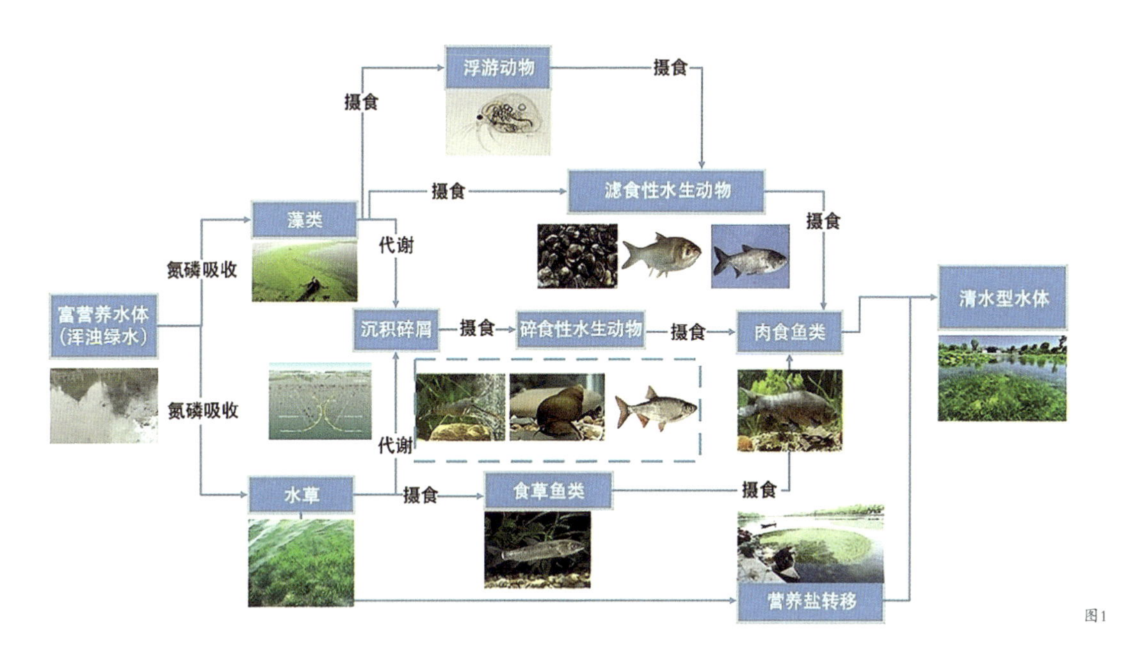

图1

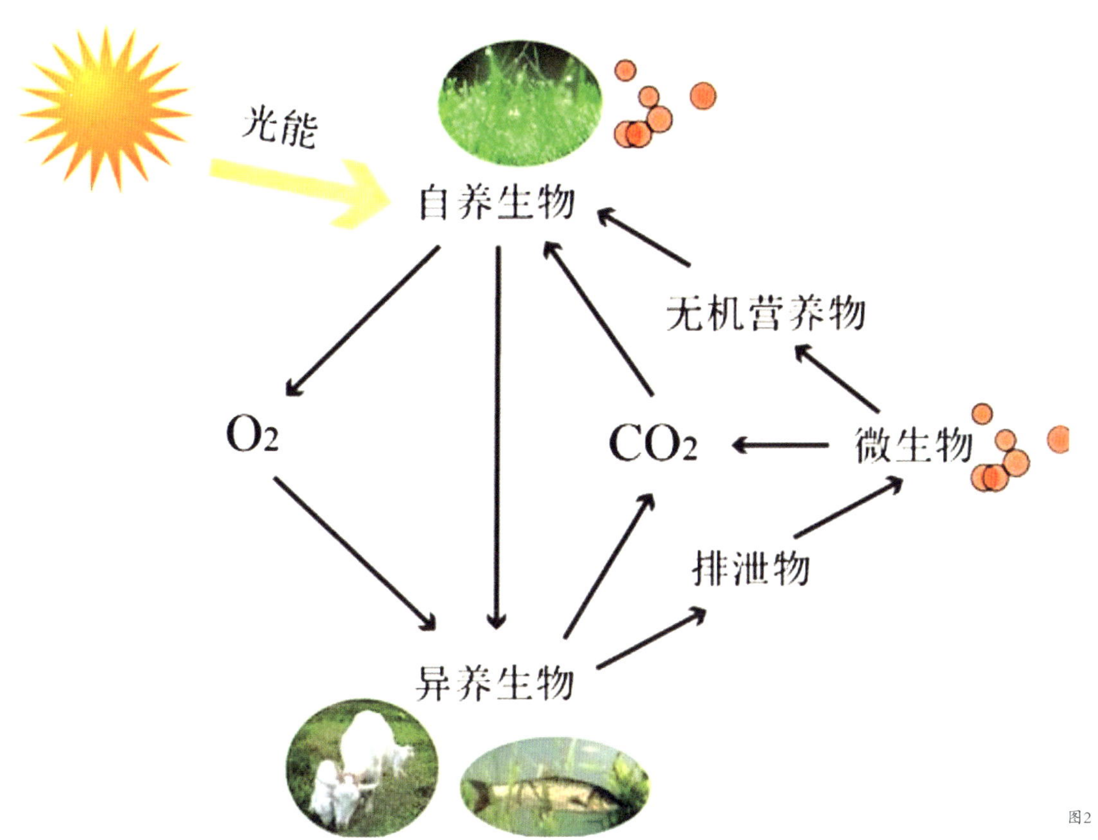

图2

1 水生态系统

一个完整的水生态系统（图1），是由水生生物（植物、动物、微生物）以及水环境（水、光、大气）所构成的，水生生物与水环境相互促进、相互制约，共同构成的统一动态平衡系统。

水生植物不断从大气中吸收二氧化碳，释放氧气；水生动物则不断吸收氧气，释放二氧化碳。水生态系统是一个开放的系统（图2），不断地同外界进行物质和能量交换，来建造和调整自身结构，为人类提供生产生活用水以及水产品等。

人类活动产生的污染物，如果不经过处理则会进入到水生态系统中，造成水生态系统的破坏。近年来的水体变化趋势是三类以上的水体在逐渐增加，四类、五类水体在减少，说明水污染治理有一些成效。但是，变

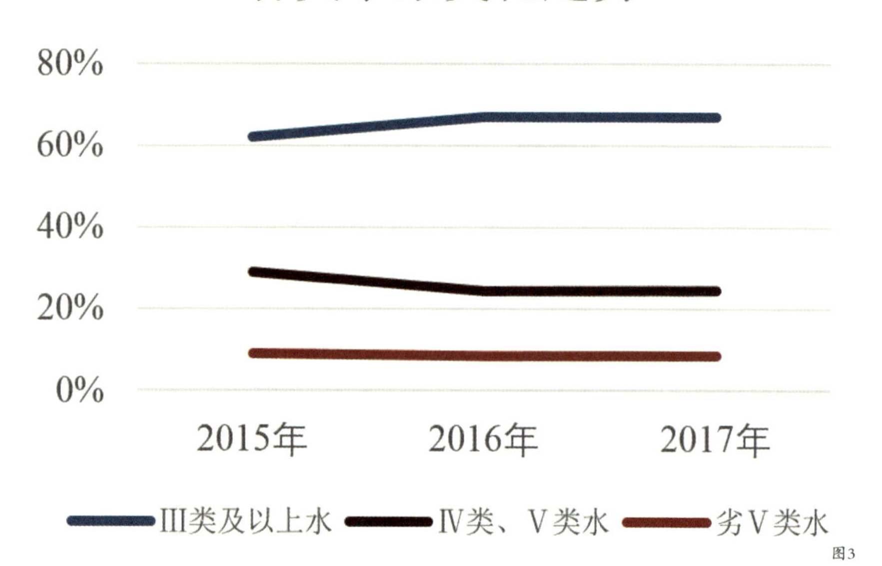

图3

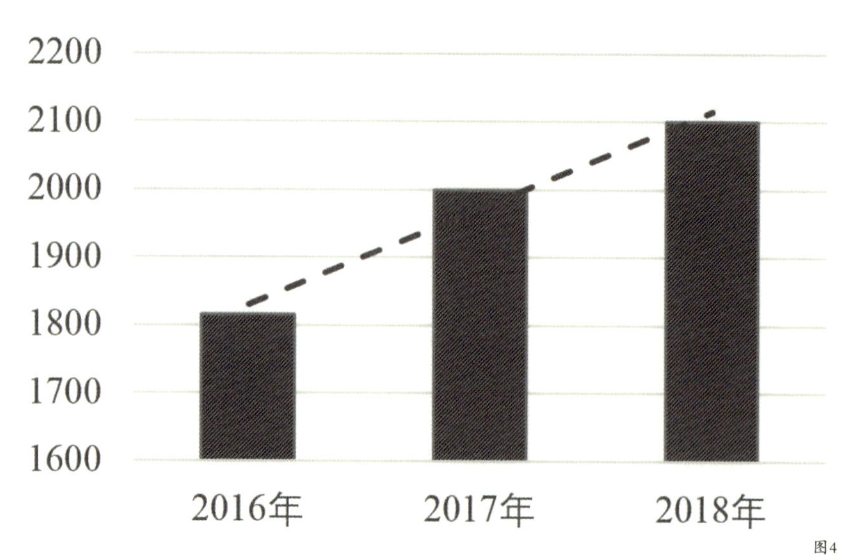

图4

化的趋势极其缓慢，而且劣五类的水维持在10%左右（图3），黑臭水体也在逐年增长（图4）。此外还有对水生态系统过度开发利用以及围湖造田导致的栖息地破坏，使生物多样性下降，生态系统退化，由此可知水生态系统的保护与修复是非常重要的。

2 水生态系统保护与修复

水生态系统的保护与修复不能混为一谈，它们是两个完全不同的概念。水生态系统保护是控制人为活动的不利影响，加强监测、风险评估和管理等，避免水生态系统的退化；水生态系统修复是利用一系列的学科理论，以自然恢复为主，辅以人工措施，使之恢复到破坏之前的状态。对于自然型岸坡（图5）没有受到人工干扰的水生态系统，需要通过监测、管理等措施保护它，避免退化。对于已经遭受到破坏的水域生态系统（图6），要通过人为辅助措施，使它的结构和功能恢复到被破坏之前的状态，同时也使它的自我调节能力和自组织能力得到恢复，应对一定条件的外界干扰。

进行修复的同时，也要进行水生态系统的保护，以避免遭到二次破坏。修复是保护的前提和基础，而保护是在修复基础上的进一步优化和支持。

2.1 生态修复措施

与人类一样，一个良好的环境才能让我们更好地生长，水生生物也是这样，一个良好的生境才能为它们提供有利的生存条件。生态修复的前提应该是对生境的修复，不同的水生生物对水体的深度要求是不一样的，因此在进行生境修复的时候可以考虑修复自然型的水域基底，形成深草浅滩的河床，为不同的水生生物提供生境。蜿蜒曲折的自然型岸坡可以增加水土交错带的面积，为两栖的动物提供生境。污染底泥的生态清瘀等生态修复措施，可以在生境修复之后，为生物多样性提供环境基础。

生态系统的结构指的是生态系统中捕食和被捕食者的营养结构（图7），当生物多样性越高的时候，系统当中的捕食关系才会越复杂，形成的食物链，食物网才会错综复杂地交织在一起，物质循环的渠道也会更多样化。这样的营养结构和生态系统的功能才是更加稳定的，生态系统的自我调节和自我恢复能力也就更强。

一个健康的生态系统一定是复杂的，生物多样性一定是高的，在系统的修复过程中要对植物、动物、微生物进行整体全面的修复。在系统的生物修复过程中可以优先考虑植物和微生物的修复，二者的协同作用将水质净化达到一定的标准。适宜水生动物生存以后，再适时逐步投入不同的水生动物，最终形成一个完整的食物链，增强系统的干扰能力，调节系统的自我恢复能力。

2.2 生态保护措施

受损的系统除了修复之外，还要对它进行保护，防止它的二次受损。生态系统的保护首先是从源头遏制住污染。水生态系统的污染可以分为内源污染和外源污染，外源污染的范围较为广泛，因此也是控制过程中的难点和重点。外源污染又分为点源污染和面源污染，点源污染就是生活污水和工厂污水有固定排放点的污染源，面源污染是指降水、融雪、冲刷作用将地表以及建筑物表面各种污染物携带进入地表径流，最终使得系统遭受污染。面源污染没有一个固定的排放点，是整个面域上的污染，因此防治和控制更加地困难。

点源有雨污分流、截污纳管；面源有提高雨水下渗率，减少地表径流，具体措施有渗水铺装、下沉绿地、生态排水沟、雨水花园等，也可以降低雨水中污染物浓度，具体措施有绿色建筑、生态岸坡、雨水收集净化集成体系等。

3 典型案例——上海后滩公园

上海后滩公园，引水于黄浦江，仅通过30000m^{2}的后滩生态景观水系自净作用，将黄浦江Ⅴ类——劣Ⅴ类水净化成Ⅱ～Ⅲ类水，并每天持续为世博公园提供2400m^{3}的Ⅱ～Ⅲ类生态活水量。

基底现状主要为工业和仓储用地，场地内的水系污染和土壤的重金属污染非常严重，后滩公园作为上海市区黄埔江边仅有的一块湿地，蕴含着非常深厚的文化底蕴，是非常重要的湿地，因此如何保护修复以及重建生态湿地，是项目的一大挑战。

3.1 生境修复——河床

首先是对生境进行修复，通过构建河床底部以及运用改良的黏土有效降低水利对河床的扰动，减轻由底质污染物导致的二次污染。同时改良的黏土也可以吸附一部分氮磷，降低水体的污染物含量。第二种就是水陆交错带的构建（图8），利用立体分层生态景观格局创新方式，形成深水、浅水、陆域的景观，为不同的水生动植物提供生境。

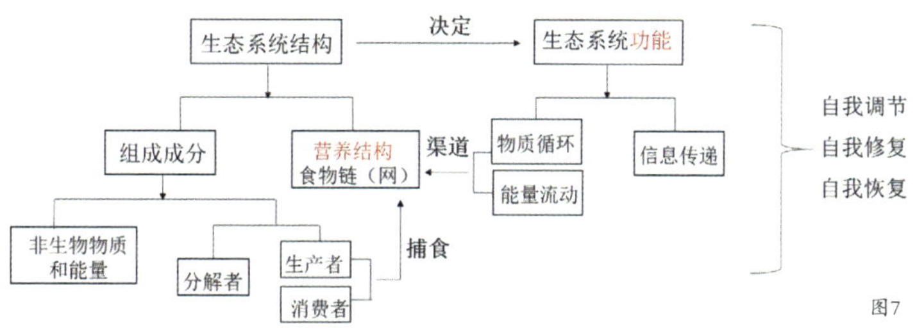

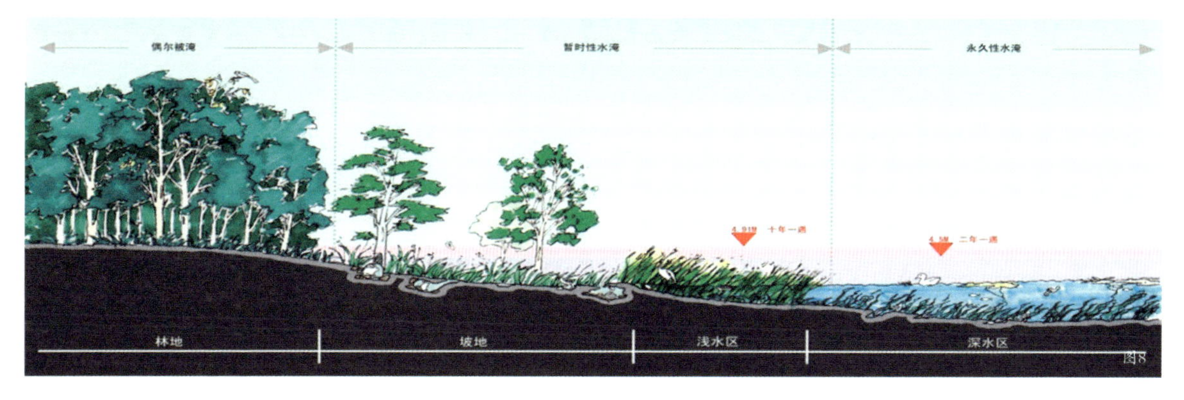

3.2 生物多样性修复——植物、微生物、动物

生境修复之后就是生物多样性的修复。首先是植物多样性的修复，通过比较多种体系筛选出了一系列适合这个场地生长的水生植物，并进行合理的配置。沉水植物对于水体的净化以及系统的稳定有着非常重要的作用，所以我们采用了苦草等一些常用的沉水植物，建立沉水植物净化的体系，同时将沉水飘浮植物合理共建，丰富生物多样性。第二个就是微生物多样性的修复，通过土著微生物培育与强化技术，进行提纯、复状、培养，引导土著微生物高效稳步地与所在环境体系自行建立联系。第三个是动物的生物多样性修复，采用水体动物配置优化技术，建立多层次，按程序，定量投放鱼等体系。最后对水生动植物和微生物进行合理的优化配置，并建立鱼、草、贝共生的体系，营造不同空间互利共生的关系，全面提升生物多样性，稳定结构，增强抗干扰能力，控制水体污染。

经过一系列的水生态处理修复，上海后滩公园变成了集水质处理、生态旅游、科普教育于一体的场地。

4 总结与思考

在水生态系统修复过程中，我们进行一些思考，我国现有的水环境质量标准，是一个统一的质量标准，但是天然湖泊与城市用水是两种不同形式的水体，如果用同样一种标准标定两种形态的水体，是否是合适的，这需要更多的人进行思考。

另外，在植物群落修复过程中，植物物种的选用，大部分人会优先考虑相同物种，我们在研究的时候曾选用美人椒、鸢尾等几种上海常用的物种，将其混种在一起营造水生植物群落，但最后我们会发现通过植物间的竞争鸢尾死亡了。鸢尾在这样的环境中无法生存，因此乡土树种的选用是必要的，相互之间的搭配也是需要后续研究的。

做人工湿地的时候，微生物和植物的相互作用是人工湿地水质净化的主要机制，水生植物有特定的生长周期，冬季低温情况下不可避免地枯萎，并且冬季微生物的生命活动极其地弱，所以导致湿地的水质净化效果不达标，因此冬季条件下如何保障生物多样性是我们需要研究的另一个问题。

图1 水生态系统
图2 开放的水生态系统
图3 各类水系变化趋势
图4 黑臭水体数量
图5 自然型岸坡
图6 遭受破坏进行修复的河床
图7 生态系统结构与功能
图8 水陆交错带

张饮江

ZHANG YINJIANG

就职于上海海洋大学水域环境生态上海高校工程研究中心。长期从事水域环境生态工程、湿地科学与水域景观工程、滨海湿地生态，景观生态学，水域景观规划与设计等研发工作。主持国内外重大科研50余项。发表论文180多篇，论著12部，国家行业标准2部，获国家专利46项，获国家级、省部委奖20多项，以及美国景观设计协会(ASLA)综合景观设计——最高杰出奖。培养研究生50多名，并指导获国家级、华东地区与上海市奖达20多项。

从二澳农场到都市农园

FROM ER'AO FARM TO URBAN AGRICULTURAL GARDEN

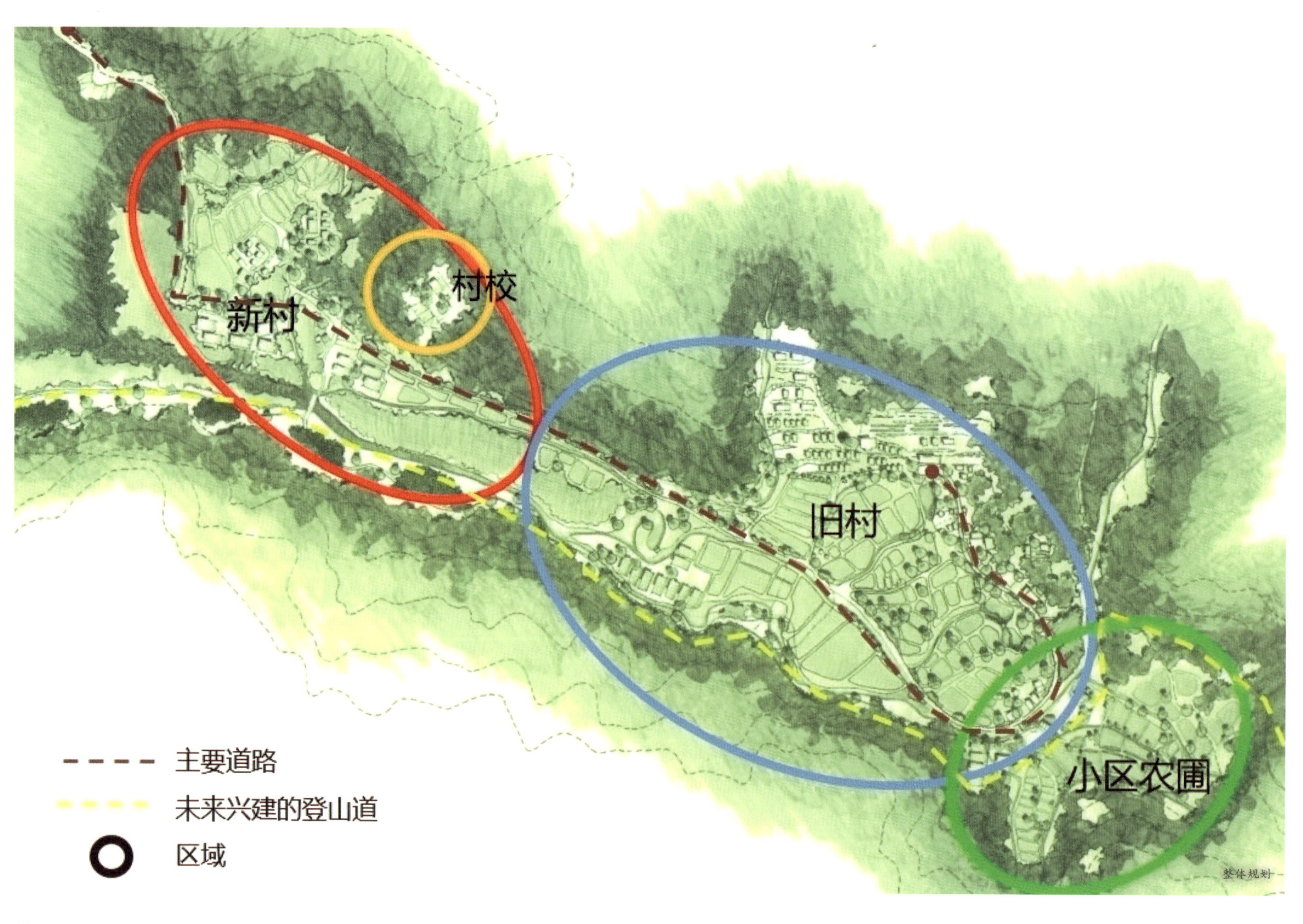

摘要：本文以二澳农场为例，通过介绍二澳农场的整体规划以及具体的经营管理模式，为大家描绘都市农业的美好图景。

Abstract: This article takes Erao Farm as an example. It introduces the overall planning and specific management model of Erao Farm, spreading out a beautiful picture of urban agriculture.

关键词：都市农业；二澳农场；社区农圃

Key words: Urban agriculture, Erao Farm, Farming land in community

图1

图2

二澳农场是香港都市人的乐园，本文是对二澳农场的规划及经营管理进行介绍，加深大家对都市农业的理解。

1 项目介绍

二澳农场项目位于香港。提到香港，大家普遍认为香港是国际都市，怎么会有农场，本文就是对香港农场的介绍。二澳农场位于香港大屿山岛的西侧（图1），珠江口的东侧，在大屿山郊野公园内（图2），这里以前就是农场，有农民在这里劳作。二澳农场附近有机场和港珠澳大桥，周围都是被保护的区域公园，要从大澳周转坐船或者走山路才能达到，这是一块完全没有被人为破坏和开发的天然之地。未来，此地会结合大湾区的建设计划，将经济、休闲娱乐、生态、商业等方面整合发展大屿山。二澳农场也是发展大屿山计划中的一项，我们希望创造一个宜居的地方，所以二澳农场项目也被政府看作目标性很强的项目。在不久的将来，大屿山将成为注重休闲娱

图3

图5

乐、经济发展和可持续发展的宜居城市。

二澳农场这个地块已经有300年的历史（图3），以前曾有1000多人在此居住，后来随着时代的变迁，农民迁村或者移民离开，现已无人居住，规划前荒草遍野，于是我们对此进行了整体规划。

2 项目规划

二澳农场项目的规划面积有10hm²，在寸土寸金的香港，10hm²是个不小的数字。在原有地况的基础上，我们规划出了新村、旧村、村校（以前的小学）和社区农圃。在新村计划（图4）中，利用码头的入口区，将此处的旱田做成温室展示区，种植蔬菜水果，四季都有产出；旧村（图5）是种植农作物的区域，农作物以稻米为主，这里自古就是米乡，所以仍然定位为主要出产食物的地方，有村屋的地方还可以露营，已成功举办过不少的露营活动；社区农圃（图6）用来做示范区，划分成了20个小田地，采取认养的方式，未来希望出租给在城市生活的人，让城市人有属于自己的小农田，最终成熟的农产品是属于他们的，可以品尝到自己栽种的果蔬，我们会规定农作物的品种，我们不能让外来的种子破坏农场生态。

3 建筑规划

这里曾经有村落，我们希望可以复村复耕，把失去的村落找回来。我们在3个区域建设了温室（图7），温室采用吊脚楼式的设计，能够控温，水可以从河流里面直接穿过。在材料方面，我们提倡选取符合本土的再生能源材料（图8），因地制宜，节能环保。未来我们希望与村民合作，让他们在这里建盖属于自己的房屋，回归于此，将休闲娱乐的体验项目与农业生活结合，打造一个特色农场，将真正的农业与乡村生活自然的保存下来，让农村不再荒废，将农耕生活再找寻回来。

4 目前发展

目前农场主要种植稻米和一些有机果蔬，如木瓜、胡萝卜、番茄等（图9）。我们收获的稻米，不只作为稻米销售，还会开发成饼干、肥皂等加工后的食物和生活用品（图10）。红菜头不但可以做成腌制食品和食物礼盒，还可以做成腮红，健康又自然。萝卜可以做成萝卜糕和萝卜干，这些商品在香港都可以买到，我们一直在开拓多样性的发展。

我们希望“让景观回转”，使用蔬菜水果植物创造一种“可以吃的景观”，创造一种可食地景，为公众建立一种新的景观理念，不仅美化空间，还能增加实用性。

我们也和许多NGO机构合作，比如我们与餐厅合作，达成Farm-to-Table（从农场到餐桌）的合作理念，让我们的鲜货能直接送到他们的厨房，让食客能够知道自己在吃什么。我们举办各种活动希望鼓励人们到农场体验农耕，希望现在的儿童能够了解农业，例如现在很多小朋友都没有体验过拔萝卜，我们希望可以让更多的人参与其中并体验到活动的乐趣（图11）。

我们也注重农场的生态多样化。我们都知道自然生态很重要，其实农业生态也同样很重要，因此我们办了农业生态解说营，希望加深人们对农业生态的认识和理解。

复村复耕、生态平衡、食品安全、可持续发展和现代化农业，让农村社会重现——这就是二澳农场的经营和管理理念。

图6

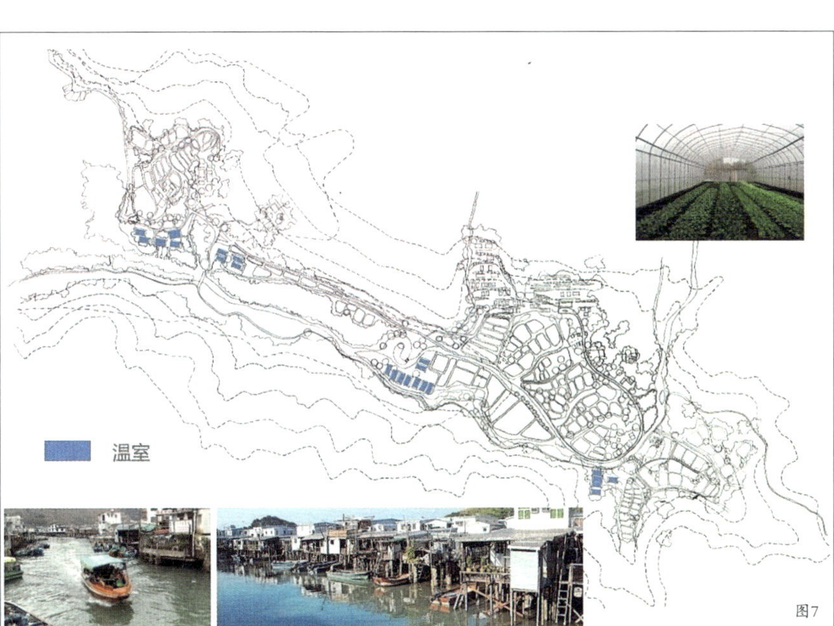

图7

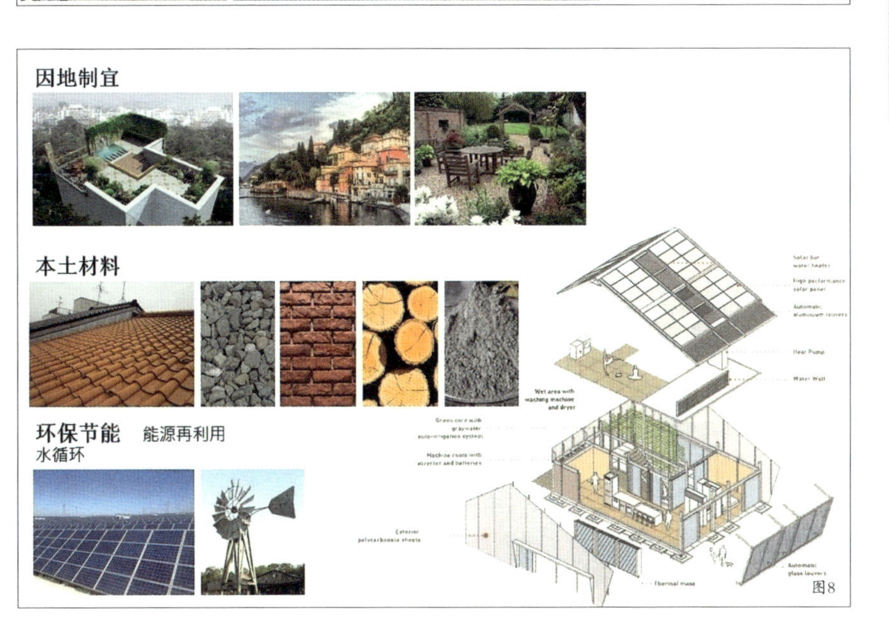

图8

图9

图10

图11

图1 二澳农场地理位置
图2 位于南大屿郊野公园
图3 历史沿革
图4 新村计划
图5 旧村计划
图6 社区农圃
图7 温室
图8 设计准则
图9 四季新鲜蔬果
图10 农产品加工
图11 农村体验活动

汪怡嘉

WANG YIJIA

香港二澳农场项目总监，台湾中国文化大学造园景观系教授。

建筑和环境

ARCHITECTURE AND CONTEXT

木屋立面图

摘要：建筑与环境是和谐共生的，建筑不仅仅是材料本身的搭建，它还构建了一种人与人之间，人与社区之间的交流和联系。一个好的建筑设计，它不是单纯的闭门造车，还必须和周边的环境相互作用，使其充满活力和正能量。

Abstract: Architecture and environment coexist harmoniously. Architecture is not only a construction of materials, but also communication and connection between people and communities. An excellent architecture design is interaction with the environment to become a place full of vitality and positive energy.

关键词：建筑区域；构造材料；建造场所

Key words: Construction area, Structural materials, Construction site

1 建筑设计的开始

首先介绍一下RAMA工作室的背景，它是一个很小的工作室，由笔者和两位合作伙伴共同创建。厄瓜多尔离北京非常远，约15000 km。厄瓜多尔按海拔大致分成了4个区域，一个是岛屿区域，一个是西海岸区域，还有就是高地区域，以及最东侧的雨林区域。

首都基多有3500万的人口，海拔高度在3000 m左右，整体气候比较温和，没有很极端的气候。当然，像其他国家一样，基多也有一些政治、经济、社会方面的问题。

但是，正因为有很多问题，所以也有了很多机遇。工作室的第一个项目，也是我们3个人最开始接手的一个项目，它是我们作为新人建筑师的起点。当时我们在基多寻找工作机遇，了解这个城市，了解这个地方的文化等。所以在了解了基多的整体环境、交通系统之后，在中北部的区域找到了一个空的旧厂房，希望从这里开始，建设自己工作室的工作场所。选定基地后，渐渐地认识了周边的邻里，慢慢意识到项目不仅只是我们的项目，也是和周边邻里合作的一个项目。

在这个空大的厂房里面，一开始是没有经费来做改造的，所以选择用一些很便宜的回收材料来进行设计，不管是木头，还是从亚洲这边过来的废弃物，都会重新回收回来，继续使用它。刚开始改造的时候，这个厂房被划分为5个主要区域，这些区域也会分享给一些周围的邻里和社会学家使用。后来发现，这个工作场所慢慢演变成了一个公共区域，有很多的工作坊，街坊邻里的一些讨论、聚会、聚餐都会在这里发生，它远远超越了我们的期待值，而不止是一个建筑的形式。

所以在第二阶段，这个空间的人流量一下子就涨了1倍，即使这样还是有很多人来使用这个空间，它差不多可以容纳40~50人共同使用。尽管这个空间是是用回收材料构建出来的，但是它的功能却是非常广泛又多元化的。

而后我们就意识到，建筑其实不仅仅是材料本身的搭建，它还构建了一种人与人之间，人与社区之间的交流和联系，这个场地正是提供了一个很好的社区平台，促进了人们之间的沟通。

后来我们也设计了一些其他的项目，如餐厅项目、简竹醒的项目等，我们开始尝试用一种新的沟通方式跟业主进行交流，他们不一定是用金钱来购买我们的设计，有可能是用传统的物质交换。他们可以基于我们的设计能力向我们提供一些物质材料，这也就是我们团队整体的设计哲学，用回收材料，以及参与和交换等传统模式开发设计逻辑。

2 项目讲解

2.1 Lasso住宅

接下来我要讲讲我们做过的3个项目。第一个项目是住在首都的一个农户，他想在农场上建一个温馨的家庭木屋。因为项目在农场里面，所以需要先了解这个场地，了解用户的初衷，了解这个场地的环境细节，以及即将设计的建筑的风格。在这个空间里面，有一个很重要的元素就是火炉（图1），因为这个火炉可以让整个家庭成员聚集在一起，是一个很温馨的构件。所以做了一个下沉的空间来突显出火炉对这个家庭的重要性。

另外，在火炉周围的空间里共建了5面墙（图2），墙体是由挤压的泥土构成的，里面的空间放置了床和可以折叠的家具，平时你是看不到它的。这是一个非常简单的结构，人可以方便地在这个空间里面活动，这也正是这个家庭所需要的。

这个项目很重要的一点就是用了一些本土材料进行设计，过程中邀请了其他领域的同学或专家来参与进来，营造工作坊的模式，通过一起交流探讨这些材料的可能性。这个方式让建筑的乡土情怀再现出来。

有趣的是，在这个木屋建造过程中，业主的邻居，旁边农场的农户看到了这个设计，他们表示非常感兴趣，想让我们也给他们设计一个农户房。设计后的农户房跟这个木屋是完全不一样的状态（图3），

图1

图2

图3

它的整个坡屋顶是直接连到地面的，可以跟大地完美地融合。这是一个非常简单的概念，就是把整体的土方挖出来以后，让这个房子呈现出一种埋在土里的状态，以此突出景观、草皮、草坡的效果，使房子跟大地融为了一体（图4）。

整体来讲，这个农户屋的结构分为了3个部分，它的外部结构与农场的大地表面很完美地融合到了一起，而且在厄瓜多尔是经常有地震发生的，所以它的整体结构也有抗震的功能和效果。另外，还利用了当地的土壤来建设这个农户房的墙体结构。

2.2 EdificioCriba住宅

第二个项目是在首都南部地区，业主请我们去做一个三角形场地的住宅建筑。这个三角形场地有一个特点，就是街道都是有墙拦着两侧的，在里面行走会让人有很强烈地不安全感。业主觉得这是场地的问题，于是他们要求把这个问题纳入到建筑设计考虑的范畴之内。

我们在做这个项目时的整体理念是希望打破墙体隔离的感觉，将整个房子的立面简单化。可以看到设计的这个立面是很有特点的，因为它跟道路有着非常紧密的联系，它的每一扇窗户都是百叶窗，从室内可以看到室外，室外也可以看到室内。

为了保证建筑与街道的直接联系，我们希望将建筑庭院的栅栏向街道敞开，为附近提供一个绿色区域和公共空间。于是尝试去说服业主和当地社区对这块场地进行重新交接管理，让业主把这块很小的绿地空间捐给社区，这是一个很艰难的过程，但是最终还是办到了，这对工作坊的设计团队来讲是非常重要的步骤，业主捐出了15㎡的小草地（图5），这片草地将由当地社区进行维护和管理。

我始终坚信一点，无论什么样的设计结果都会围绕着我们的设计哲学和设计逻辑，用最小成本的设计材料和本土的材料，提升绿地空间的参与性，这最终也会给业主带来不小的收益。

2.3 Castillo楼梯

第三个项目让我们对基多这个城市有了更深入的了解。当时我们正在尝试对基多做一些很深入的调查和研究，比如中间标成绿色的那条道路，要调查它的每一个进出口以及如何让这条小巷更好地连接末端区域，由于末端区域有一些特殊的点，所以阶梯就是绿色通道的末端区，阶梯对当地市民来讲是很不安全的通道，因为很多人会在这边从事不法活动，所以当地人很不喜欢使用通道，宁愿绕更远的路来过这个场地。

在这个项目当中我们非常成功地组织了一些学校的学生、当地的社区成员和一些私营企业的工作人员，希望他们都加入到这个项目的设计过程中去，而且很惊讶的是我们真的是做到这一点了，大家一起坐下来，商量如何设计这些楼梯。并且我们也采访了一些在周边生活的市民，询问他们是怎么使用这个场地的，以及他们希望这个场地变成什么样子。因此，植入了一些活动，让这个场地充满活力和正面的能量。

然后我们尝试着去跟政府主要的官员沟通，因为这不仅仅是一个建筑或者是景观项目，也是一个尝试着去了解整个社区，解决社区居民问题，使景观融入他们生活之中的过程。

我们用了大概两年半的时间，完成了一些小的标志性构筑物，可以让当地的市民真正地使用到这些场地。因为类似的项目是很少见的，一些私人企业赞助了10万块钱到这个项目之中，所以政府是很支持这个项目的。项目的整体概念是帮助当地的人真正用到这

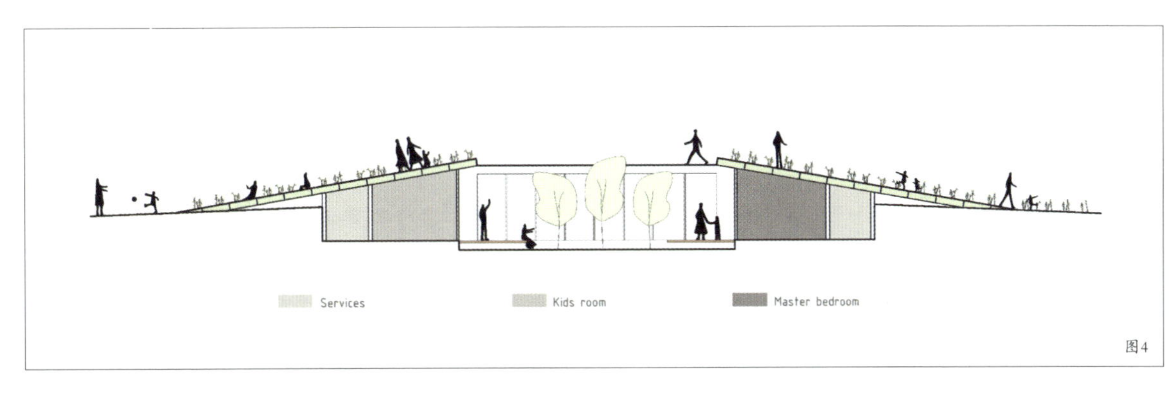

图4

个区域，让它们成为生活中的一部分，这可以体现公众的参与性。

3 城市走廊

接下来讲一个在这个城市中心比较现代化的景观构筑物。这个项目的主要概念就是希望让这个城市的中心更加集中，更加密集，因为目前城市状态太分散了，能源使用非常不节约。而我们希望可以帮助城市更集中、更高效地发展（图6）。

它是一个控制城市合理扩张的项目，需要把社会层面、经济层面、法律层面等要素考虑在内。但是整体来说，即希望这个项目能帮助城市更好、更完整地发展，为人民提供更宜居的生活环境。

4 社会项目

前面讲的是一些专业领域的、跟建筑相关的项目，其实我们还有很多项目是跟建筑无关的，有点儿像志愿方向的项目。我们有一个自发形成的志愿者组织，里面包含了不同的人群，如当地社区的居民、邻里或者是警察之类的人群等，而且大家都是免费来做的，其目的是希望邻里之间有更好的生活环境。因为当地有法律来控制这些街道性的绘画项目，所以我们是踩着法律的边缘在很小心地推动这些社区的活动。

所以，实际上现在工作室的成员已经不仅是3位合伙人了，还有其他参与其中的群众和政府部门的人群，我很感激他们可以积极地参与到我们的项目中，因为他们，我们对建筑和环境有了更贴切的理解和认识。

图1 室内火炉
图2 墙体空间
图3 农户房
图4 农户房剖面
图5 小草坪
图6 城市小品

费利佩·莱昂纳多·多诺索
FELIPE LEONARDO DONOSO
拉玛（RAMA estudio）联合创始人，建筑师、规划市、欧洲IED-巴塞罗那设计院可持续产品设计、管理和创新硕士。厄瓜多尔基多天主教研究员、教授，2014年基多双年展国家一等奖获得者。

生态共生——布拉坎红树林保护与水产养殖一体化设计方法

INTEGRATED DESIGN APPROACH OF MANGROVE FOREST CONSERVATION AND AQUAFARMING IN BULAKAN

迁徙的水鸟在池塘停留

INDICATOR	PERCENT SHARE TO LUZON PRODUCTION			
COMMODITY	AQUACULTURE	COMMERCIAL FISHERIES	MARINE MUNICIPAL	INLAND
Central Luzon	100.00	100.00	100.00	100.00
Aurora	0.16	2.63	11.05	1.62
Bataan	5.94	0.00	36.20	0.63
Bulacan	18.74	10.83	6.00	8.17
Nueva Ecija	2.08	0.00	0.00	11.39
Pampanga	67.61	0.00	7.79	71.23
Tarlac	2.56	0.00	0.00	5.97
Zambales	2.90	86.54	38.97	0.98
Source:Bureau of Agricultural Statistics				

图1

摘要：沿海地区有着世界上最复杂、最多样的生态系统以及很高的环境和经济价值。珊瑚礁和红树林作为天然的屏障守护着海岸地带。菲律宾拥有非常丰富的海岸和水域，不过近年来由于鱼塘的过度开发导致菲律宾的红树林遭到破坏。景观设计师应该以更全面的方式探索沿海地区生态系统的解决方案，采取更加生态的方式解决问题。

Abstract: Coastal region has the most complicated and most various ecosystem, high environment value and economy value. Coral reef and mangrove forest act the role as coastal protector. The Philippines is rich of coastal and water area, while in recent years mangrove forest in The Philippines had been badly destroyed because of fishing industry development. Landscape architects should use more comprehensive and ecological way to solve coastal region problems.

关键词：沿海地区；红树林；菲律宾

Key words: Coastal region, Mangrove forest, The Philippines

海岸通常被定义为沿海的陆地与海水之间的区域，沿海地区有着地球上最复杂、最多样的生态系统，有着很高的环境和经济价值，海岸带是陆地和海洋环境相互作用的地理区域，有着多变的生物、化学和地质特征，是多样和高效的生态系统，也是许多海洋生物必要的栖息地。这些海岸地带通过珊瑚礁、红树林来抵御风暴、洪水以及海浪的侵蚀。

1 背景介绍

菲律宾展现出独特的海洋岛屿生物多样性，它位于海洋生物多样性的中心。同时菲律宾也拥有非常丰富的海岸和水域资源，由于是群岛性国家，其海岸线是世界上最长的国家之一，海岸线为36289 km。菲律宾的海湾和沿海区域的面积超过了26.6万 km^2，但随着人口的进一步增加，其沿海地区也逐渐有人类的活动，这对陆地和海洋环境造成很大的压力。沿海和海洋生物资源以及生物多样性的逐渐减少，也降低了当地人谋生的机会，加剧了贫困。此外，菲律宾的沿海资源也削弱了其他非沿海地区的经济，而人类缺乏对这些资源的认识、规划和管理，使得这些问题也在继续恶化。

长期以来沿海地区由于其生物的高产力，一直是人类生活和人居环境的重要区域，红树林和其他的沿海生态系统提供了优质的生态和生计效益，包括以水生动植物作为食物、药物、建筑材料和其他的生产必需品。

2 文化陈述

菲律宾作为一个群岛国家，其沿海地区有7000万人口。沿海地区为当地人提供了很重要的生活和生物类型，渔业和商业。其中水产养殖是指养殖鱼类、甲壳类动物、软体动物和水生植物等水生生物，在受控制的条件下培育淡水和咸水的物种，但是与一般的商业捕鱼相比，是有明显不同的。

近年来人类对渔业产品的需求不断增加，过度捕捞和不可持续的捕捞行为导致捕鱼量下降，而利用氢化物或者不恰当的渔具捕捞会导致珊瑚礁生态系统的快速退化，因此导致渔业的生产多样性向水产养殖转化，以摆脱圈养养殖的方式。

3 概念图表

根据农业统计局的数据，2012年，水产养殖占全国渔业总产量的52%，其中22%是商业形式，26%为市政形式。多年来水产养殖的逐渐增长也缓解了其他渔业部门的压力，使原来多用途的海洋区域转变为单一用途的资源区域。但是这也导致了新的一系列问题和冲突，比如红树林的生态系统直接受沿海水产养殖规模的影响。

东南亚地区拥有世界上35%的红树林，水产养殖池的转化可能会对红树林生态系统造成破坏。从1951~1988年，菲律宾为了发展鱼塘，27.9万 hm^2 的红树林消失了一半。此后1952~1987年，有95%的咸水池塘是由开发红树林转向水产养殖而得来，这直接导致了红树林生态系统的退化，使其变为鱼塘、盐场和养殖虾的场所。其他沿海项目的开发，也导致菲律宾减少了近117700 hm^2的红树林，使红树林失去了其生态功能。养殖塘里鱼圈和鱼笼以及沉积的泥沙破坏了水生物的栖息地，也污染了海域。这是菲律宾渔业生产统计表（图1），据统

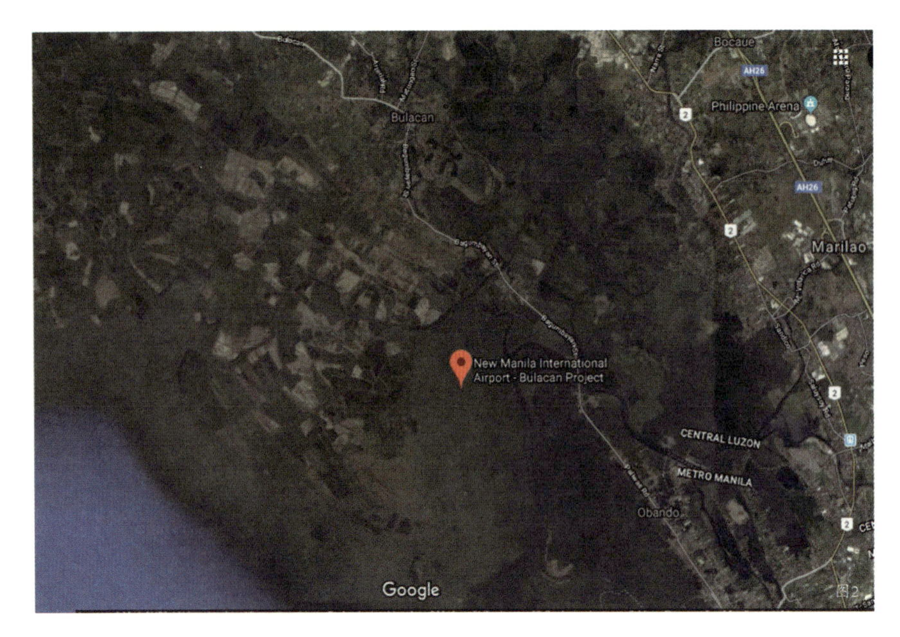

图2

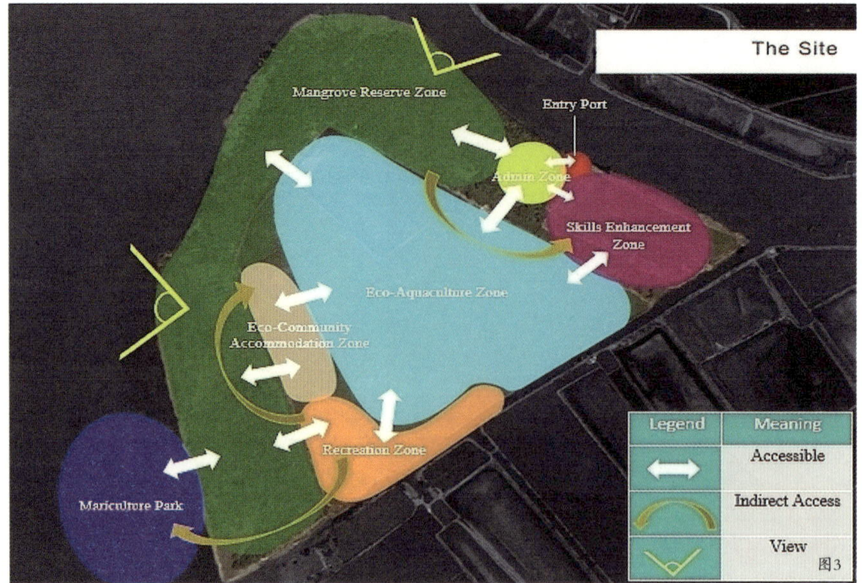

图3

计，农业是其生产力的首要来源，图中显示了红树林和鱼塘的关系以及圈养渔业的衰落与水产养殖的兴起，鱼塘的发展是菲律宾红树林遭受破坏的主要原因，国家损失了近33万hm^{2}的红树林，却增加了239323 hm^{2}的鱼塘。

红树林向水产养殖的转化威胁到了布拉坎海岸，该省共有585.14 hm^{2}的红树林，其中50%以上的红树林分布在布拉坎海岸。布拉坎省沿海地区的主要自然资源是红树林和鱼类，而该省失去大部分红树林的主要原因就是沿海地区鱼塘的开发。人类活动造成巨大压力导致远海资源管理不善，生产力下降，气候变化等自然现象也使沿海地区条件恶化，给生态系统造成了负面影响。根据研究显示，现存的红树林和水产养殖正在减少，在海岸资源的规划和管理中，综合景观设计和重视生态系统是很有必要的，有助于恢复自然生态提供的生态功能，因此这也成为了项目的主要目标。

4 规划建议

我们对红树林的恢复、渔业管理等都进行了思考，希望对保护红树林和进行水产养殖提出一个概念性的框架，尽可能地想出最佳的可行性方案。一些解决方法提出要加强沿海地区的保护，粮食资源和多样化的生境选择，加强当地社区保护剩余红树林的能力，并为其提供科学的方法，以恢复红树林的栖息地。在恢复红树林栖息地的同时，水产养殖是一种提高渔业生产的友好方式，孵化厂也有助于提高生产总量，并最终成为水产养殖鱼种种群的来源。

这些项目将改善布拉坎渔民流离失所的生活，而且保护红树林重新造林，并维持好红树林生态系统的平衡，不仅可以防止其被进一步破坏，保护社区免受潮汐的、海平面上升以及盐度过高等影响，还可以鼓励鱼类的回归，为鱼类提供适宜的栖息场所，打造可持续的娱乐活动促进当地的生态旅游。

通过建造相关设施促进沿海的资源管理、培养当地的研究和保护意识，其他的小型设施和便利设施也可以方便游客去参观，本研究试图建立一个保护红树林和渔业生产的中心，通过对红树林的管理、可持续的水产养殖，结合生态旅游，在不破坏沿海资源的情况下丰富布拉坎的沿海环境，该设计方案不仅为布拉坎带来了可观的经济效益，还保护了沿海的地区的生态环境。

5 场地的介绍

项目位于吕宋岛中部的布拉坎省布拉堪镇，布拉堪镇有着丰富的历史和文化，作为沿海小镇，当地人的主要生活来源还是渔业，镇政府当局对渔业采取养殖而不是圈养的方法，因为镇内大多数区域都有鱼塘，有超过50%的土地面积转变为鱼塘，使其成为该省水产养殖量最高的城市之一。从这张图（图2）可以看到新马尼拉国际机场的选址，尽管附近的生态公园被保留了下来，但布拉坎海岸线所有的鱼塘都将被收回。我建议在现有生态功能进一步遭到破坏之前，停止对鱼塘的征收，同时也可以为当地的渔民提高经济收益。

现存的红树林大概是40 hm^2，同时这也是目前所剩面积最大的一片红树林。目前的一些鱼池，有一些还没有被使用起来，离生态公园非常近。因为池塘中鱼类资源丰富，所以迁徙的水鸟也经常在此停留，此外这里有很多不同品种的红树林，还有步行栈道。这个项目是与当地政府和社区一起合作，不同的NGO民间组织也会来此参观，并参与到红树林的种植活动中。

6 策略研究

共生是一种生态的关系，是两种不同的物种之间形成的相互依存的生态关系，彼此之间不仅是相互受益的生态关系，而且有特定的生态位。红树林的保护与水生造林之间便是共生的生态关系，保护红树林提供的生态功能可以造福当地生态和人民的生活。未来这里可能会成为一个红树林渔业中心，将保护红树林和渔业管理和谐地结合在一起，连同景观设施，重振布拉坎海岸的渔业，保护生态环境的同时也确保休闲旅游的功能，使其作为当地的经济来源，也可以成为布拉坎海岸以及其他水产养殖场和红树林参考的典范。

图3所示为项目的空间规划分区，包含了红树林区域、生态水产养殖区、技能提升区、生态住宿社区以及娱乐休闲区。拟建场地的功能是通过生物过滤的形式提供更好的水质，利用现有的鱼塘，最大限度地开发潜力，让它变成一个高效的生态水过滤系统。这种生态过滤系统不仅改善了规划区的水质，同时也改善了马尼拉湾的水质。

图4展示了整个生物过滤系统在项目中的流向，这是一个巧妙的规划设计，可以使单一的生态养殖池形成不同景观方案，新的生态景观在已经衰落的鱼塘

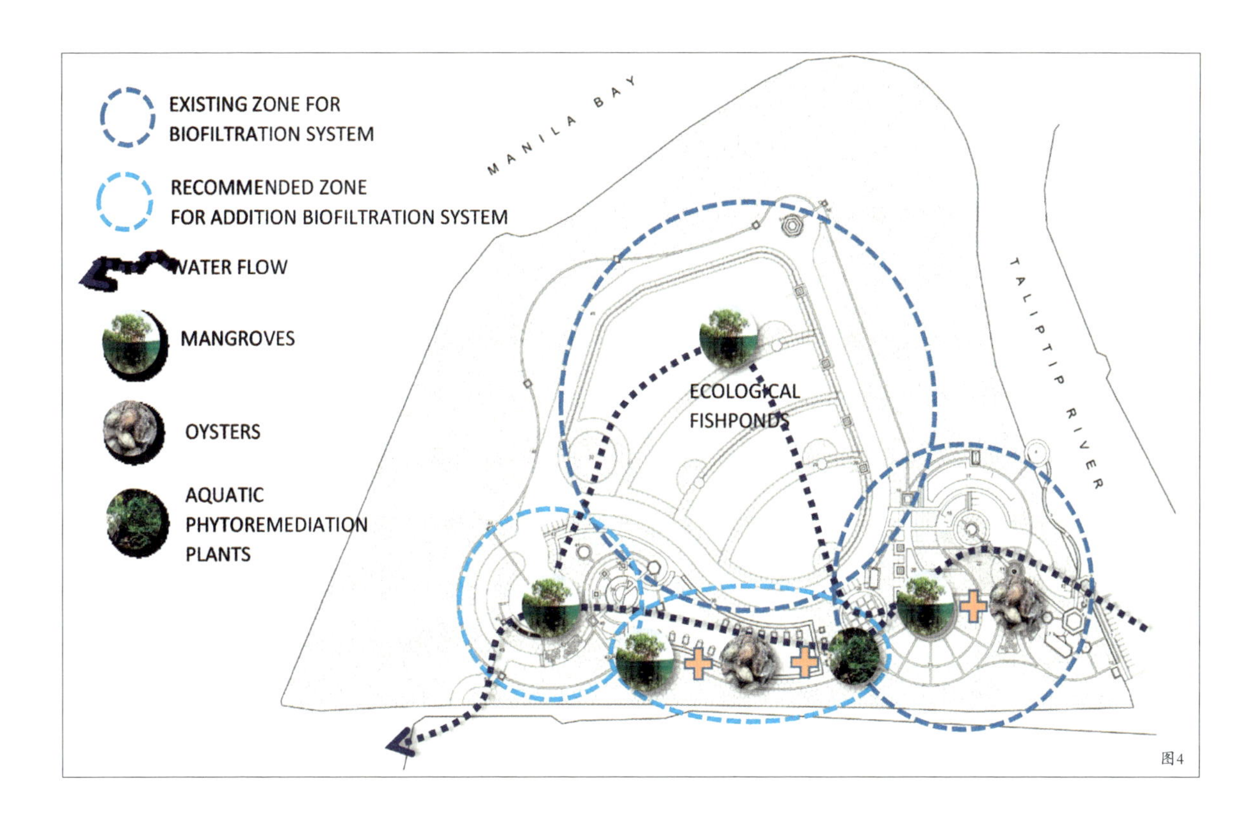

中，为使用者提供了多种户外空间和不同活动的可能性。因此，生态水产养殖区具有生态景观、生活景观和娱乐景观的整合性效果。

生态景观的主要功能是吸引鸟类、防止潮汐、净化水质以及养殖鱼类，生活景观主要是支持传统的小型商户养殖和贩卖海产品，学习景观的主要功能是让游客以乘坐游船参观游览的方式了解水生态系统的功能，建立学习中心展示，让当地人了解红树林的种植和生态旅游的操作模式。

这个养殖池的形态很特殊，这个项目是典型的将常规生态养殖池改造为优化循环的空间和效率的动态模式，同时也保留了至少60%的红树林和40%的池塘，以确保生态系统功能的正常运行，该生态养殖池是受当地沿海地区有机形态启发而研究出来的。

养殖池项目位于市区的边缘，这里有一种很特殊的海洋生物——藤螺，这个项目也由此得名。因尊重现有的生态系统和文化，在设计方案时，不仅藤螺被纳入考量，此处的建筑也遵从了菲律宾的传统材料和建筑风格，以适应沿海的气候。

7 设计方案

方案的设计理念是“涟漪”——水面上一圈圈的水波纹。植入这个概念是想为沿海社区居民带来更好的沿海环境，让可持续生活成为常态。红树林生态环境和水生动植物向着丰富的沿海环境和谐发展，就像一个激活点，将一些非生产性的地区转变成一个动态环境，为生态环境和当地居民与社区带来一系列的好处，就像鹅卵石投入水中产生的涟漪效果。这个理念也应该应用到更高层次的海岸资源管理和生态规划中。

作为景观设计师，我们应该以更全面的方式探索沿海地区的解决方案，因为我们的设计将成为生态系统的一部分，考虑到设计、旅游、生活等多层面问题的时候，我们需要采取更加生态的方式来解决。

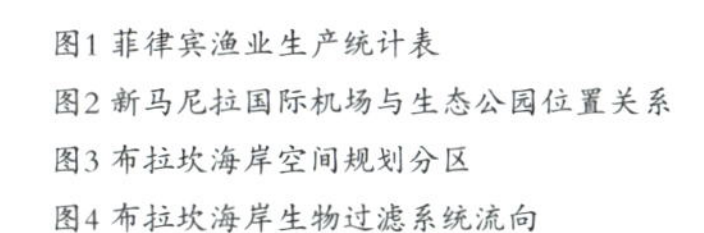

图1 菲律宾渔业生产统计表
图2 新马尼拉国际机场与生态公园位置关系
图3 布拉坎海岸空间规划分区
图4 布拉坎海岸生物过滤系统流向

麦当娜·达瑙

MADONNA P.DANAO

菲律宾大学建筑学院教授，建筑师，景观设计师。菲律宾建筑师联盟（UAP）成员，菲律宾景观设计师协会（PALA）成员，国际景观设计师协会（IFLA）成员。

城市社会——生态体系连接水与机遇

URBAN SOCIETY: WATER AND OPPORTUNITIES CONNECTED BY THE ECO SYSTEM

摘要： 现在很多城市都在进行大幅扩张，扩张速度快于城市人口，这种城市化扩张对资源是非常大的压力。绿色空间对城市居民非常重要，为了治理生态系统对气候变化方面产生的压力和难题，需要不同级别的部门、不同利益相关者之间相互合作，相互协调。水环境治理和设计不仅要融入工程性、建筑性的东西，生态性和社会性因素也要融入进去。

Abstract: Many cities are expanding and it is faster than the urban population, which is a great pressure on resources. Green space is very important for urban residents. To manage the pressure and problems of ecosystem on climate change, it requires cooperation and coordination between different departments at different levels and stakeholders. Water environment management and design should be integrated not only with engineering and architecture, but also with ecological and social factors.

关键词： 城市社会；生态环境；水管理

Key words: Urban society, Ecological environment, Water management

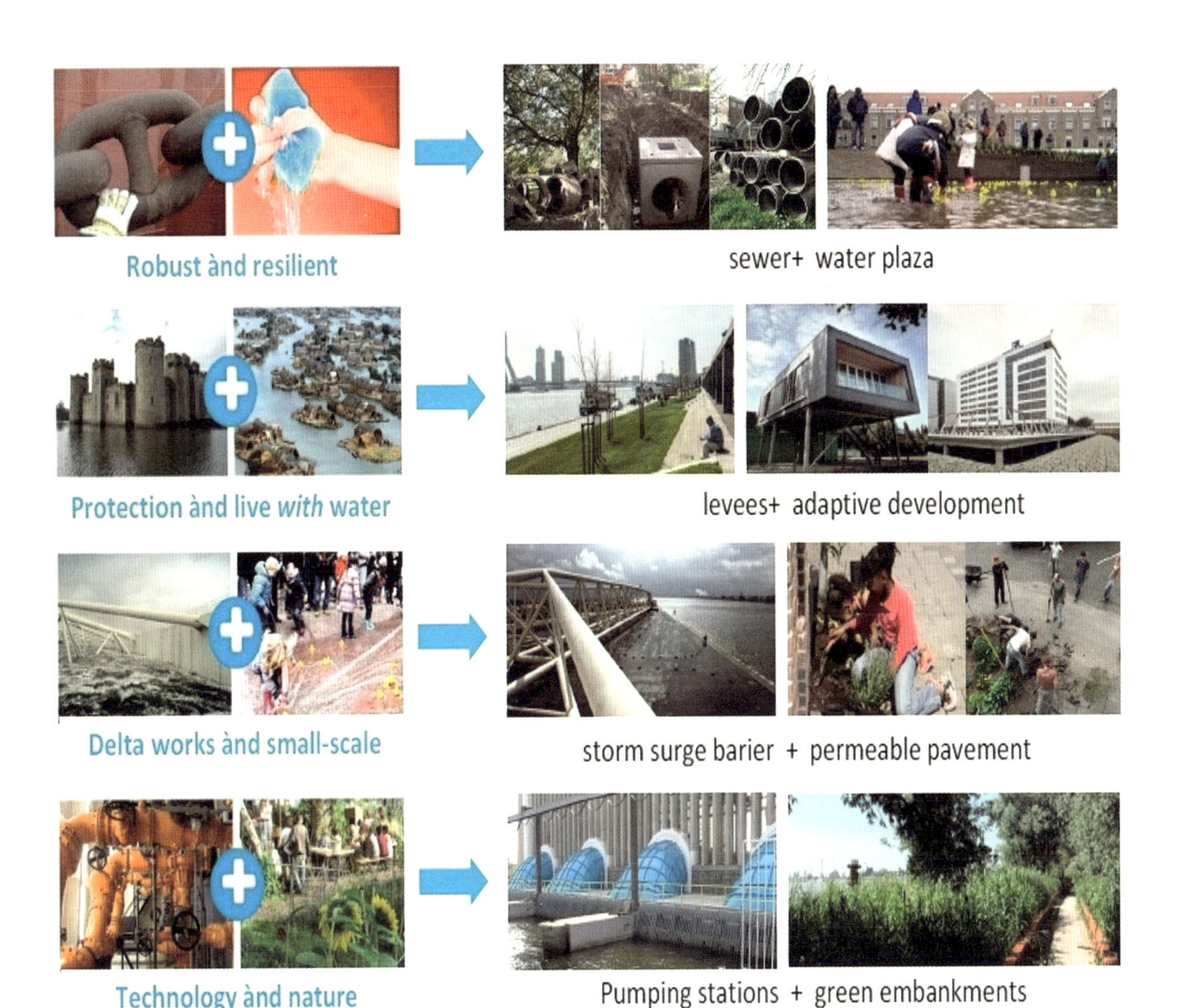

图1

1 城市化带来的挑战

现在很多城市都在进行大幅扩张，中国的城市也是这样。由于扩张速度很快，这就给自然资源造成了很大的压力，有些城市化扩张的区域，靠近自然资源保护区或生态保护区，所以我们开始思考：自然资源保护区或生态保护区，还能在城市中心有很好的发展空间吗？

我们还发现城市化让城市里绿色空间的质量有所下降。绿色空间不仅仅是说城市里的草地空间，还包含了绿色屋顶、河流以及其他的植被空间。研究显示，住在城市里的人更容易受到环境问题的影响，而气候变化让这些环境问题更加严重和复杂。城市居民对他们的娱乐场地和绿地也不太满意。

2 生态系统的重要性

为什么绿色空间对住在城市里面的人非常重要？因为自然环境空间能够为人类提供生态系统服务。生态系统服务是指生态系统直接或间接地为人类提供的利益。一共有4种类型的生态系统服务：首先是供给性服务，比如说大自然为我们提供食物、水资源等等；第二种是调节性服务，比如大自然可以帮我们净化空间；第三种是支持性服务，即为其他生物提供良好的栖息地和生存环境；第四种也是我们常常忘记的，是生态系统提供的文化性服务，我们在城市里享受的娱乐空间、游览空间，都是大自然所提供的。

整体性的视角可以让我们从社会和生态两个角度全面地去看待这个系统。这是人与自然相互呼应和相互依赖的一种系统。为了治理生态系统对气候变化方面产生的压力和难题，需要不同级别的部门、不同利益相关者之间相互合作，相互协调。

3 荷兰鹿特丹的生态系统治理

鹿特丹市对生态系统的治理，分为5个不同部门：①城市发展办公室。制定城市环境的愿景、战略和政策方案。涉及城市特色的维护、设计和恢复，如城市的绿地、公园、街景、水景和所有其他城市景观设施。②可持续发展规划办公室。将能源规划、空气质量规划和噪音管制规划结合起来，制定可持续发展的愿景、战略和方案。③ 气候适应办公室。保护鹿特丹市免受气候影响的战略建议和战略制定。④ 三角洲计划。一个跨国家、地区和地方行政和咨询层面的纵向一体化和政策执行平台。⑤ 鹿特丹气候倡议。包括来自地方一级的各种行动者，它是一个横向一体化的平台。

特别要讲一下鹿特丹的气候行动（Rotterdam Climate Proof Adaptation Programme）（图1）。这个项目的特点是结合了当地市民的参与，可以将水与机遇联合起来，这个项目对气候变化的适应和空间的发展是密不可分的。这种特殊的方法让城市规划师也能够创造出新的城市设计，而且很有效地解决当地气候变化带来的问题。我们做的一些其他的项目，在确保城市具有很好的自我恢复能力和弹性的同时，也增强了城市的整体吸引力。适应性特点和当地的经济发展也紧密地结合到一起。

4 水的挑战

这些年来，鹿特丹港口扩张了很多，目前是欧洲第二大港口（图2）。关于水资源面临的挑战，我们有降雨的问题，有地下水的问题，有排洪的问题，还有从上游流下来的水的问题和气候变化相关的问题，比如说洪涝问题、水质问题以及过多的降雨或者干旱，以及热导性问题。除此之外，还面临着城市化、土地利用、空气污染、生物多样性减少、娱乐设施减少等情况（图3）。

鹿特丹港特别推出了一些适合当地的解决措施，希望这个城市变成一个具有吸引力，并且经济能力很强的城市。而且这些措施都是由本地的驱动力带动起来的，并且希望把远期的愿景和近期的行动结合起来考虑。

营造一个具有弹性、恢复能力和适应性的系统，就必须规划好整个系统。从适应性这一点来讲，有很多小规模的解决措施，却可以在大范围内起到很好的效果。合作也是很重要的一点，并且保护性的行动要与其他的活动相结合。我们的共同目标，是创造更好的生活环境，维持社会环境、经济环境和生态环境的平衡。

为了进行水资源的保护，并且与水资源共生，我们列出了多方面的措施，使得污水处理系统和吸水平台相结合，提升水资源的自我恢复能力。我们把科学技术和大自然结合到了一起，从项目中大家可以看到，水真正提高了公共区域活动的质量。

5 水的机遇

城市的储水措施，可以有更多层面、更多功能的考量，例如，可以将储水与降雨、水空间和娱乐项目结合。鹿特丹港当地最大的一个车站，前面的一片空地是市民使用的公共区域，空地下面就是储水箱。这

图2

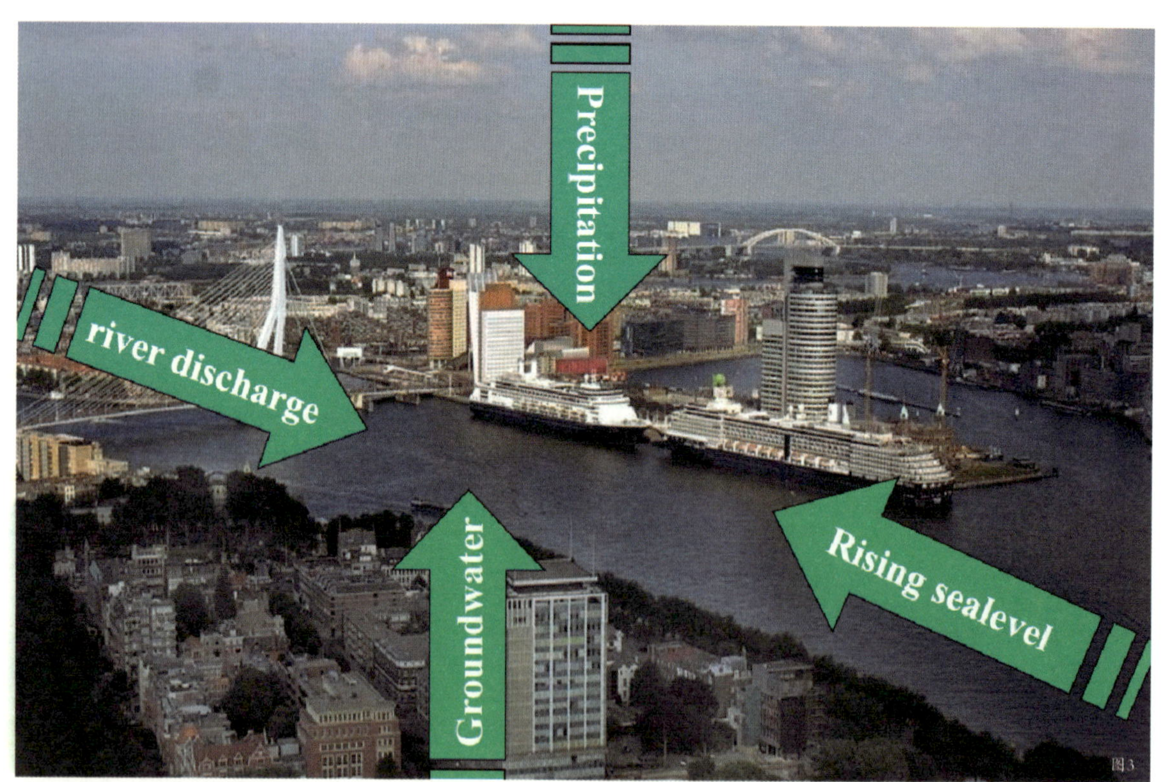

图3

图4

图5

图6

也是一个地下储水系统，而且这个储水系统，甚至在博物馆的地下空间里也有这样的设计（图4）。

Benthemplein水广场设计很有趣，这是一个公共空间的区域，没有降雨的时候呈现干旱状态，人可以使用这个空间，但是地形决定了它在下雨之后会形成很好很自然的池塘状态（图5、图6）。此外，也可以把水资源和空间设计相结合，比如一个城市中的泄洪通道，平时没有水的时候，水位比较低的时候，人可以利用这个空间在岸边游走，等有水的时候就是一个很好的蓄水空间。

非常有意思的一个项目是Dakpark，绿色部分是一个绿色屋顶，同时也是河岸堤防，下面有很多商店空间，是一个多功能场所，可以多重受益。多重功能，就是同样一个场地可能具备防洪功能、公园功能以及适应性和其他能够为当地居民带来好处的功能。

还有很重要的一点，不同部门，以及不同层级管理部门的协作。因为一个部门不可能完成这么复杂的工程项目，一定要相互沟通，很好地协作，才可以做得出来。我们还和周边的城市分享合作，还有国家层次上以及国际层次上的合作。

不要忘记公民在这里面也充当着非常重要的角色，也就是公民参与。想要城市具有恢复力或弹性，那么城市中的每个人、每个部门、每个环节都需要有自我调整的能力。

关于恢复力或弹性，有一些黄金法则，其中很重要的一点就是需要结合多方面的知识，适应社会生态系统的整体状态，尽量少人工干预、经常监测适应性的情况，同时要有一双发现机遇的眼睛和预测未来可能发生的各种情况的能力，各个部门相互合作，加速吸收新技术、促进创新。

6 小结

综上所述，总结一下3个主要关键点：第一，采取综合性的办法，让不同的部门联合起来合作。第二，需要变成有多功能性的整体状态，并且有共同的利益目标。不仅要融入工程性，建筑性的东西，生态性和社会性因素也要融入进去。第三，需要很好地管理、治理环境，需要所有的人，包括专家、政府和整个社会共同合作，共同努力。

图1 鹿特丹气候变化适应策略
图2 鹿特丹的发展扩张
图3 水的挑战
图4 地下储水系统
图5 Benthemplein水广场（正常时）
图6 Benthemplein水广场（降雨后）

安若雅

LAURA QUADROS ANICHE

鹿特丹伊拉斯姆斯大学住房与城市发展研究所博士，项目主管。

湿地生态系统以及治理对策

WETLAND ECOSYSTEM AND HUSH MEASUREMENT

联合国教科文组织世界遗产——老挝琅勃拉邦城的湿地保护

摘要：本文选择3个案例，从湿地保护、湿地处理、湿地开发和规划4个方面阐述湿地的情况，基于地理特征和环境现状，结合社会、人文、经济等各个方面进行设计。

Abstract: Thc paper expounds the general situation about wetland conservation, wetland treatment, wetland development and planning, which is based on geographical features and state of the environment, combining with social, cultural, economic and other perspectives to design.

关键词：湿地；策略；设计

Key words: Wetland, Strategy, Design

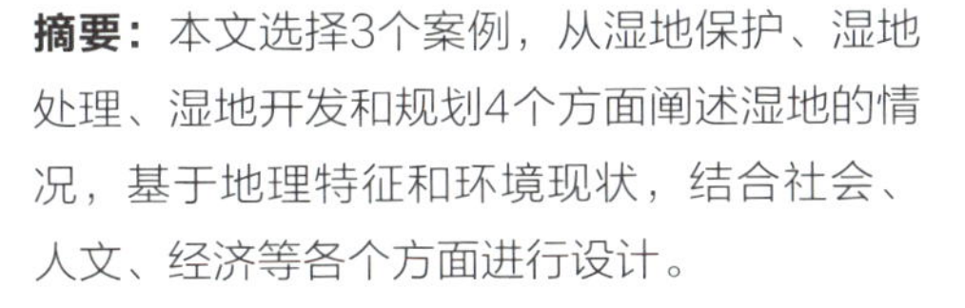

图1

图2

图3

图4

图5

图6

1 湿地保护

第一案例从湿地保护层面出发，该项目入选联合国教科文组织世界遗产代表性项目名单，内侧区域发展并不是很好，但外侧区域已经在进行城市升级。

利用当地的资源进行设计，这是非常重要的事。法国人用黏土开发湿地（图1），湿地不仅是地球上生物多样性最为丰富的区域之一，更重要的是，湿地可以为当地的居民提供渔业资源，促进当地经济的发展。

自1996年以来，在联合国教科文组织的领导下建立了一个遗产保护区（图2），并将其分为4个等级：防护区、保护区、自然保护区、寺院一宗教遗产保护区，想要从这4个层面修复此项目。法国人做城市规划也基本采用这样的方法：首先确定需要保护的地区，然后划分湿地和建筑保护区域，最后规划设计，既考虑整体，又因地制宜。该遗产保护区分散着很多小面积湿地，夹杂在建筑空间中，这183个湿地都已被列入到联合国教科文组织的保护清单中（图3）。老挝是一个气候炎热且湿润的国家（图4），设计规划应与当地的气候和环境相结合。

湿地的生物具有多样性，左图是在湿地种植水稻，右图是当地农民在湿地中种植其他农作物（图5）。在法国开发署的财政支持下，已制定了保护和防护计划，包括清单、法规和各类建议。

在3个保护清单中，清单I是一般城市居民建筑，清单II是同等重要的有着宗教色彩的建筑，清单III是湿地保护清单（图6）。在实行保护的过程中，我们遇到了比较大的障碍，第一个方面是有限的环境承载力和该地区日益增加的旅游量。第二个方面是当地不愿意保留容易滋生蚊子的区域。研究表明，虽然成年蚊子有害，但是从卵孵化为蚊的这个过程是无害的（图

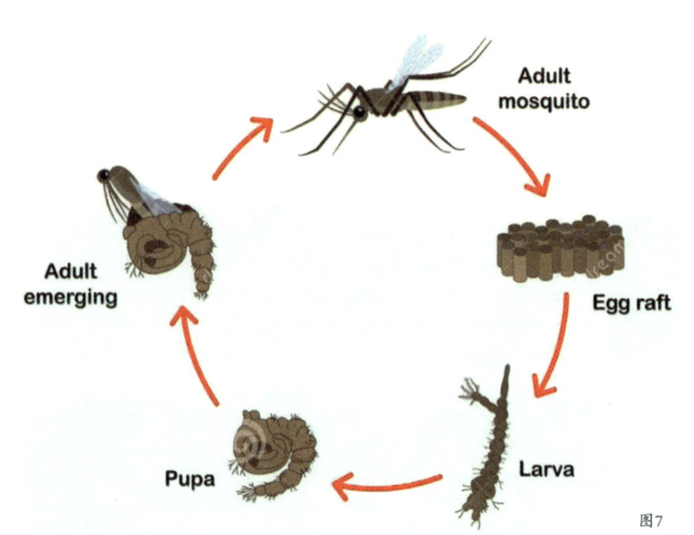

图7

示例 - 在湿湿地区为一所学校建造全水坑和过滤床

Exemple de chantier de réalisation d'une fosse toutes eaux et d'un lit filtrant pour une école en périmètre de zone humide

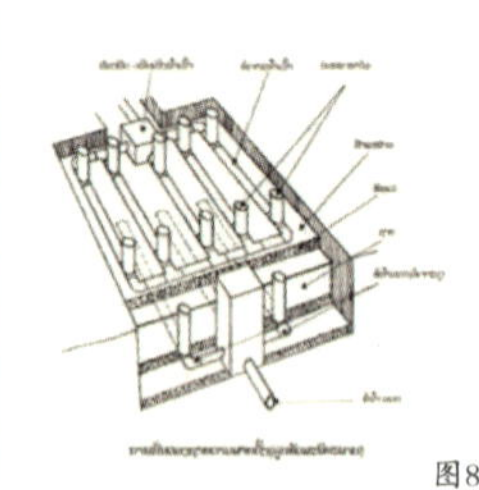

图8

7），蚊子幼虫可以作为鱼类的食物，因此蚊子在生态系统的循环过程中也是必不可少的。第三个方面是破坏生态系统的污染物有待解决。

该项目是一个在湿地地区为学校建造一个过滤床的过程（图8），做这种类型的项目，水资源的管理、地表径流与道路系统的关系显得非常重要。

这是另一个排水系统的设计方案，以及周边道路的建造情况（图9），设计值得一提的是其对优质的树木的保护，并将它们融入到新的道路系统中，这同时也是个雨水收集系统。不仅是当地人，我们的公司看到这些情况也想参与到这个项目中。因为这不仅是保护湿地，同时也是保护湿地文化遗产。通过对旅游线路的规划来吸引当地的居民及外来游客，从而深刻了解该设计项目。

2 湿地处理

第二个案例从湿地的处理层面出发，侧重对土壤的处理以及去除污染物方面的研究。这个项目位于阿尔及利亚，始于2010年，并一直持续到现在。这条河曾受到长达50年之久的严重污染，难以治理的3个重要原因是：一是湿地面积大，有1270 km^2，短期内整个流域不可能得到改善，而且所有干流及其5条支流都有多重污染；二是水流量非常不稳定，冬季流量高（图10），夏季流量低。在污染物定量情况下，水流量高时污水流量负荷低污染物浓度就低，即污染程度低。相反，夏季污染程度高（图11）；三是生态敏感性高，经常有水流冲刷和冲击，沉淀物难以流动。

从数据分析可以看出污染物成分比较复杂，对这个项目还需要进行具体的分析。比如像MES，就是水质中的悬浮成分，水中需要处理的污染物是有机污染物，沉积物中需要处理的污染物是重金属污染，这些是比较棘手的问题。以汞为例，它先附着在海底部的有机质上，然后被沉淀物中所含的黏土吸收，不易去除。但污染程度高，却可以对生物多样性起到正面作用。

关于这种项目，我们分别制定了短期战略和长期战略。短期的战略方法是，用足够数量和质量的低水支持水流，并将处理后的水用于农业灌溉，截流并处理支流的污染，同时处理排放点，并且建立湿地模型，制定缓冲区域。长期战略是和当地利益相关者协商合作，在1270 km^{2}的范围内控制和拦截支流的所有工业、城市和个人污水，对整个流域线性区域的污泥和沉积物进行系统的清理，而这并不容易推进，因为受土地制约的影响。比如有的地方被工业区占据，有的地方是贫民窟，所以实现的难度是非常大的。其中绿色的地块是可以利用的土地，因此我们可以围绕着这些区域组织策略，比如河口与汇流之间以及汇流与巴拉基之间的可利用的土地。

从河水流量、污染物、重视及提升的程度和最终结果的角度，整体地考虑项目，以该地区为例，项目设计分为3个不同的部分：首先，图下方区域的水经过处理，被抽上来进入绿水花园，后再汇入河道系统中。通过清理，河道周围的生态变得更加宜人，可以看出植物在里面占的主导性是非常明显的。上方区域因为更靠近水域，所以被作为码头开发，能够带来更多的经济效益。将处理好的水与农业结合，如用水灌溉农田。以法国南泰尔岛的公园为例，将水从河道中抽上来，然后沿着一系列的小花园浇灌，由于自然地形存在高差，水从高的地方向低的地方一层一层地过滤和净化，最后再回到河道中。

3 湿地的开发与规划

第三案例的重点在整体开发与规划。以斯里兰卡首都科伦坡的湿地公园为例（图12），对当地的生物多样性、人居环境都起到了积极的作用。我们还有其他的项目，比如法国巴黎大区第一个湿地公园——大巴黎上岛湿地公园，应用创新生物水处理技术的斯提斯产业园以及生态水景长廊雷诺技术中心。

图1 人们利用黏土开发湿地
图2 在联合国教科文组织的领导下建立的遗产保护区
图3 列入联合国教科文组织的183个湿地
图4 湿地利用
图5 水稻湿地利用
图6 湿地保护清单
图7 卵孵化为蚊的过程
图8 建造全水坑和过滤床
图9 公共空间开发布局中的径流水管理
图10 冬季污水流量大且负荷低
图11 夏季污水流量小且负荷大
图12 斯里兰卡科伦坡湿地公园

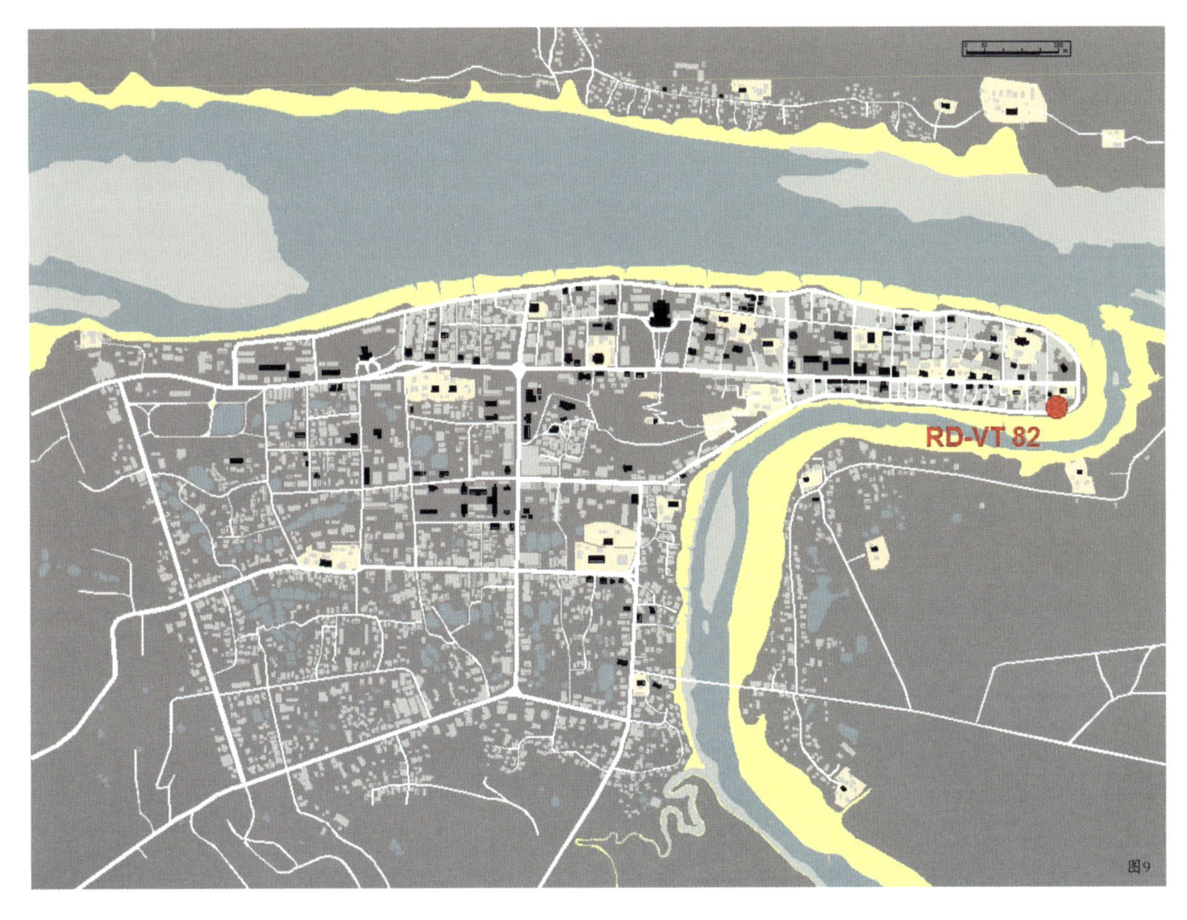

图9

图10

图11

图12

伊曼纽尔·普耶
EMMANUEL POUILLE

城市规划及社会问题的资深专家，SIGNES集团顾问。法国巴黎建筑学城市规划及社会学研究院（IPRAUS）成员，联合研究员。

如何利用场地原有资源

HOW TO WORKING WITH THE AVAILABLE RESOURCES IN ITS OWN PLACE

可可小屋

图1

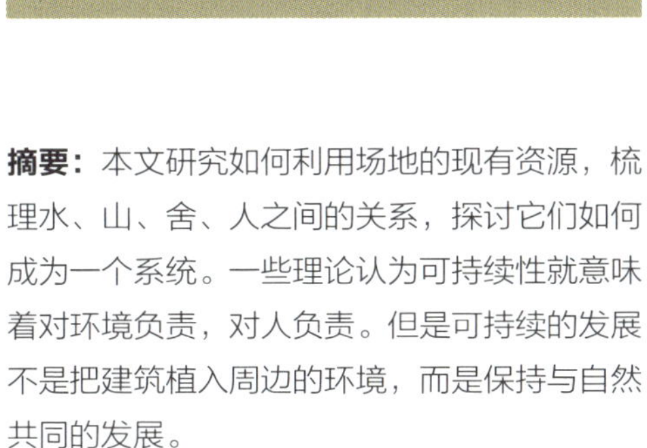

摘要： 本文研究如何利用场地的现有资源，梳理水、山、舍、人之间的关系，探讨它们如何成为一个系统。一些理论认为可持续性就意味着对环境负责，对人负责。但是可持续的发展不是把建筑植入周边的环境，而是保持与自然共同的发展。

Abstract: This paper studies how to make use of the existing resources of the site, sort out the relationship among water, mountains, houses and people, and explore how they become a system. Some theories suggest that sustainability means to take responsibility for the environment and people. But the sustainable development is not to implant the building into the surrounding environment, but to maintain the common development with nature.

关键词： 场地；自然；关系；可持续性设计

Key words: Site, Nature, Relationship, Sustainable design

1 中国与拉丁美洲对保护与发展的思考

关于促进保护和发展的思考，本文提出了3个方面的想法：一是事物是普遍联系的。厄瓜多尔和中国有很多相似之处，所有的行动都会影响到与之关联的一切事物；二是绝知此事要躬行；三是行动本身是必要且有效的。本文以厄瓜多尔工程案例为例，厄瓜多尔现在只有30%的住宅属于正规住宅，而70%的住宅都是非正规住宅。这是一个让人震惊的事实，这意味着厄瓜多尔要把“保护和发展”的理念贯穿到70%的城市景观与建筑里，所以，一些特别的手段是必要的。

中国的智慧和拉丁美洲的智慧有许多相似之处，清华大学绿色建筑设计研究所宋晔皓教授说，可持续建筑思想，即不介入的介入，既做也不做。意味着只有必要的行动才需要介入，需要知道每一种介入都会对环境、社会、以及周边的经济产生重大的影响，这也就是我们的工作方式，也就是说通过不行动来行动。

中间的这个小房子是可可小屋，是2014年在厄瓜多尔亚马逊区域建成的。这是一个展示中心，可以帮助外国人和当地人了解如何从可可豆制造成巧克力的过程，这是当地的博物馆，也是当地的旅游区。

2 建筑与自然的融合

建筑是自然不可分割的一部分，而自然则有它的规律、节奏、排序，甚至一套组合，而建筑需要融入到环境中。

在考虑场地如何选址和布局的时候，首先，考虑自然地形和气候条件。因为这个地方一年四季温热潮湿，作为选址地点，希望将来利用河流和森林来控制温度、湿度。其次，考虑场地现有的原材料。比如巨大的岩石，竹子之类。这个世界是不断变化的，我们需要灵活多变的应对不断的变化（图1）。比如，当我们做了一个建筑，但这个建筑的初衷不是最后呈现的样子，我们会留出来调整空间。在这个巧克力博物馆的功能之下，这个建筑逐渐被当地人利用（图2），他们加入一些生产行为以及社区行为。最后，

图2

图3

图4

图5

图6

当我们使用一种材料的时候，当材料被赋予一个新功能，曾经不可能被预测到的潜能才会浮现出来。对于可可小屋使用的材料（图3），比如，竹子、稻草、木材，原本它们只是简单的当地材料，但是它们被利用之后，就变成了建筑的一部分。

这种大块的岩石一直都存在，但一直没有人用过它，直到这个项目开始的时候，岩石才被选为基础材料。有了这块大岩石（图4），就没有必要重新打造混凝土地基了。在可可屋之前，岩石只是岩石，尽管材料有很大的潜力。4年之后，这个社区用同样的基础建造了一个瞭望台，显然，他们可以利用周边的材料了。

众所周知，2016年厄瓜多尔发生了大地震，70%的面积都已经被破坏，可以想见许多家庭失去了他们的家园，搬到了临时的住宿处。了解和解决该区域共同面临的问题是一场新机遇和挑战，在这里技术和知识可以拯救许多生命和房屋，技术和知识也可能会一直缺失，但新的自然灾害还是会来临。

3 展望和总结

如何做一件最少干预或者仅是必要干预，但是对整个村庄都有正面影响的事情呢？最终的答案是做一个工作坊，同时做一个房子的模型，并且让村民来参与到设计中。这个是我们工作坊最后的成果，它叫

图7

Meche的房子（图5），是一个家庭住房，但是，这么一个小小的例子对村庄产生了很深远的影响。

为了保持房子和原有的邻里、山口以及河流的联系，遵循地形原本的状态，把房屋的底架抬高（图7），以保证通风，整个房子与周边的环境很好地融为一体，建筑材料也是使用本地的材料。

在工作坊里，用当地人熟悉的技术建造了一个模型，把原始技术以一种更安全的方式再次引用进来，包括对竹子、竹节的处理，连接点以及结构的处理，其实他们之前就有这样的技术了，只是被后人忘记了。发现泥土隐藏性的功能之前，泥土也只是泥土，而通过这个项目，泥土变成了外立面的灰泥的墙，成了防风、防水、防热的材料（图6）。

Meche的房子不仅仅是一个房子，还是一个沙龙，也变成了一个村民聚集的地方。自然灾害的毁灭性影响总是印证了人类、自然和建筑是属于分离状态的，这个房子可能看起来只是一个起点，但真正的含义是可以像一个引擎一样在系统里引领村民来了解如何做适合他们的设计。

这个地方是厄瓜多尔的首都，建筑的环境已经超出了山脉的边界。这种非正规的建设大规模地分布在城市的外围区域，而建筑师是不会来这些区域的。建筑不仅仅是人类需求的物质表现（一个人对生活空间的理解不仅仅限制于庇护功能，换言之，作为人类来讲，我们的生存也不仅仅是睡觉、吃饭、社交等等），而且还会随着时间的变化发生一些非刻意性的事件和行为。

这是一个为邻里孩子设计的餐厅。这个餐厅不仅仅是一个餐厅，它的后面是一个操场。我们在选址时，希望把小的餐厅建在目前已有的教堂的周边，目的是想要邀请当地嘉宾光临。之前，山边有60%的建筑是违规建筑，目前已经全部进行了改建和重建。作为建筑师，在这种情况下，通过比较少地介入来创造一个很独特的系统。

纵观几年中国和厄瓜多尔做的建筑，可以发现一些共同点，所有的介入都会对其他事物产生影响，城市环境必须与自然、人产生紧密的联系。我们的改造只是必要的干预，确保了环境、经济以及其他方面的积极效益，我们正在思考把这个模式变成一个可持续的过程，而不仅仅是一个成品。最终这个项目成功与否，在于其背景的连贯性。

图1 场地选址和布局要多方面考虑
图2 可可小屋逐渐被应用到当地人日常生活中
图3 建造可可小屋使用的竹子材料
图4 岩石地基
图5 Meche的房子
图6 用泥土砌墙的外立面
图7 房屋底架抬高

玛丽亚·洛伦娜·罗德里格斯

MARIA LORENA RODRIGUEZ

厄瓜多尔籍建筑师，Ensusitio office合伙人。

城市水环境治理中的湿地+公园模式探讨

DISCUSSION OF THE CONSTRUCTED WETLANDS PARK MODEL WITHIN THE URBAN WATER ENVIRONMENT GOVERNANCE

人工湿地——传统的鸭米稻田共生系统

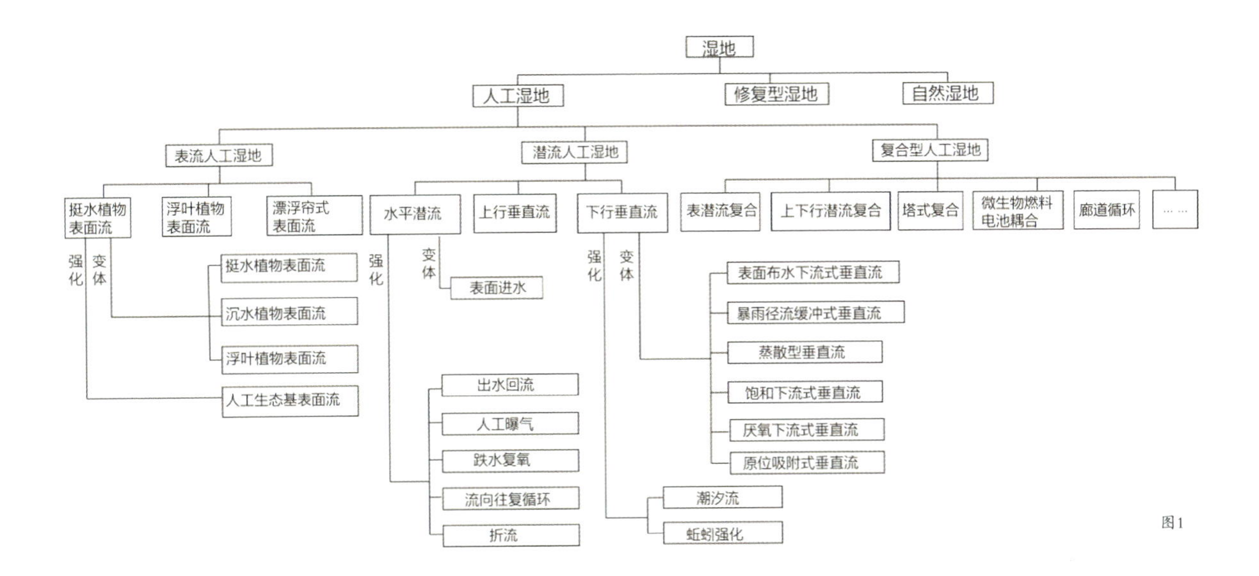

图1

摘要： 本文阐明了湿地和人工湿地的概念，对人工湿地技术进行了介绍，并对人工湿地公园的概念进行了定义。列举了星云湖—抚仙湖出流改道工程中的湿地公园案例。最后对未来人工湿地发展趋势提出自己的5点看法，分别为场景多元化、城市中心化、高效化、智慧化和人性化。

Abstract: This article clarifies the concepts of wetlands and constructed wetlands, then introduce the relative technology of Constructed Wetlands, as well as redefine the Constructed Wetlands Park. In this article, a wetland park of "outflow and diversion project" with Xingyun Lake-Fuxian Lake, is determined as the case study to analyze. Five characteristics about the future trend of constructed wetlands are put forward, including diversification of senses, urban centralization, high efficiency, intelligence and humanization.

关键词： 湿地；人工湿地；人工湿地公园

Key words: Wetlands, Constructed Wetlands, Constructed Wetlands Park

做湿地公园的大设计，是难度非常高的事情，因为这是需要把人的物质需求、精神需求及大的生态系统结合得非常完美的一项工作。

1 湿地的概念

什么是湿地，湿地就是具有水陆两栖属性的生态系统，湿地可以分为很多种，从大的方面来说基本上分成自然湿地和人工湿地。

人工湿地——传统的鸭米稻田共生系统，就是人为去做的水陆交替的两栖系统，比如说传统上的稻田景观，还有一个很特别的门类，湿地是整个大流域，或者是水系统环节中的重要一环，不能孤立地去谈湿地的修复，湿地的保护，衡水湖这样一个重要的湖体其实是四通八达的，和上游水系都是连通的。

美国Stephenville人工水处理湿地，仿自然的结构，和周围相对隔离，进行水处理。在世界自然湿地在不断减少的同时，中国人工湿地的数量，从1990年起呈上升的趋势，当时欧美国家大概有了十万座人工湿地的建造。并且国内这几年人工湿地数量增加的非常快。

功能主要是在自然湿地或者是其他处理手段不再能够承担所期望的水质处理的目标时，采用的仿自然的人工加强式的处理手段，对比传统市政污水处理厂与人工湿地，其区别在于：传统市政污水处理厂使用的二级处理工艺如活性污泥法已经相当成熟，虽然流程清晰和可控，但却存在污染物去除环境要求严苛、基建成本大运行成本高、功能单一的不足，目前还主要以去除有机碳源污染物或针对性的工业废水成分为主，对高氮、磷的富营养化水去除效果不佳。人工湿地去除污染物主要通过填料介质、水生植物和微生物群所发生的复杂物理、化学和生物作用完成。人工湿地的显著特点之一就是其对有机污染物、氮、磷、重金属、病原体等均有较强的去除能力，背后正是自然过程和工厂化处理过程相比所具备的更复杂和更综合的功能。在足够的可利用面积情况下，人工湿地尤其是潜流湿地可以做到优于传统二级处理的出水水质。

图1所示为人工湿地技术的分类谱系，这个谱系很全，上面是人工湿地和自然湿地，包括修复式的湿地，反映了不断的细分和加强，包括潮汐流的湿地、进行发电功能的湿地，都在湿地前沿技术的研究中。

表流湿地模拟自然水体对污染物去除的过程，还有水平前流，包括一些特种的，人工加强的前流湿地，在国内应用很多，都比较成熟。另外，既然人工创造了这块湿地，就不能忽视人工湿地的自然属性和生态完整性，净化水用到的土壤、微生物、植物，其实也是一个相互耦合的自然循环和生态系统，功能化空间和公园生态化的空间、休闲的空间应该达成很好的结合，所以叫它人工湿地公园，其实不同于一般的湿地公园或者是城市湿地公园，国家城市湿地公园设计导则对湿地公园做了一个很清晰的定义。

2 人工湿地公园

2.1 定义

"人工湿地公园"是指为净化水质而人工建设，成为城市绿地系统的一部分，具有湿地的生态功能和特征，形成保护、科普、休闲等功能于一体的公园。

2.2 特征

"人工湿地公园"具有区别于"普通城市湿地公园""湿地保护区""水景公园"等以下主要特征：在功能上，以净水功能为主，自然和休闲功能为辅。在上下游关系上，上游有稳定的进水水源（污水、二级处理尾水、雨水、受污染环境水等），出水往往汇入下游的自然型湿地或者河湖成为环境水。在区位和用地上，相比较多位于城郊的自然型湿地，“人工湿地公园”由于承担水处理功能，大部分位于城市中心或近郊，所以基本是“城市人工湿地公园”。不同于“修复型”或重建型的湿地，用地状态在建设前不一定是原始自然状态，经常会位于建设用地或城市绿地内，有的位于河漫滩或水岸空间。在维护和管理上，以控制进出水的水量水质为基础，有明确的功能和结构边界。通过植物的收割、填料介质的清理、管网的疏通等维护工作来达到对进出水速率、水力和表面负荷、停留时间等功能要求。在空间规划上，为达到空间综合利用，往往人工湿地根据处理规模的大小进行多种方式的组合，如并联式、串联式和综合式等，人工湿地还常与生态氧化塘、或者自然式湿地等一起实现多种复合功能和灵活自由的空间形式。

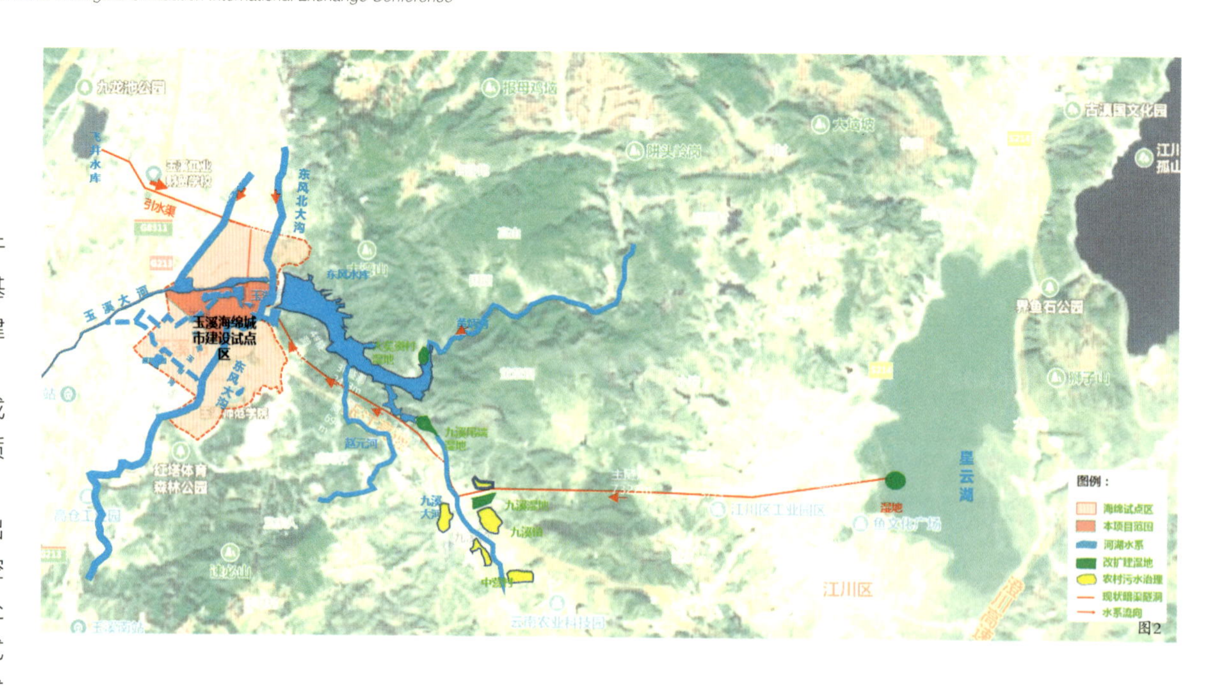

3 星云湖—抚仙湖出流改道工程人工湿地公园

3.1 项目背景

抚仙湖是一个大而干净的湖，左侧还有一个湖叫做星云湖，十年前有一个很大的工程叫做抚仙湖、星云湖出流改道工程（图2），因为历史形成的上下游关系，星云湖水比较脏，但位于抚仙湖的上游，所以城市污染的水进到星云湖，然后又到了抚仙湖，抚仙湖慢慢出现了富营养化的趋势。水利部在2007年做了一期工程，把抚仙湖干净的水导入星云湖，改善星云湖的水质，脏水不再污染抚仙湖。星云湖的水也改道，流到下游的城市玉溪，问题是，最干净的水改进了劣五类的星云湖的水，但是劣五类的水需要进到城市的水体，所以这个项目现在是一个流域治理的大背景，在未来大概5年之内，要陆续地建成大概4个大大小小的湿地群（图3），设计方案提出用湿地加海绵城市的方法，逐步解决这个问题。

3.2 玉溪特色旅游线

玉溪市守着这么大的旅游资源提出从上游的抚仙湖到下游市内形成一个旅游线路，以海绵城市样板区旗舰项目为起点，以具有国际吸引力，拥有规模不逊于玛雅文明的水下古滇文明资源的抚仙湖为终点，串连东风水库、九溪湿地、九溪特色小镇、星云湖，联动打造一条具有独特优势资源和世界级影响力的玉溪特色旅游线（图4）。

3.3 湿地设计

图5所示为下游的湿地，这是市中心水系的情况，湿地的位置在红色的地方，在上游星云湖的水进来的时候做了这块湿地，处理完再进入下游的水体里面去。现状的水体非常脏。图6为湿地工艺流程，因为地方比较好，且人工湿地的一个长处就是利用比自然湿地更小的面积去达成水质处理的目标，因此我们采用了预处理的设施。

图7是湿地的工艺布局，复合湿地的技术是采用垂直流的技术，形态上比较灵活，曝水、出水没有水平流对几何的限制条件，采用了上行、下行复合的湿地，结合景观包括地形的设计原则，两个叠加在一起，形成了未来的湿地公园（图8）。

我们做湿地综合体的初期非常谨慎，前期不光是工程师去做生态处理的单元布局，而且还充分考虑了当地的生态格局，考察现场的时候，当地有很大一群小白鹭，但现在已经看不到了，希望建完以后它们会回来，因为建造的时候重新考虑了鸟儿再将这里作为栖息地的可能性，图9是湿地的布局。

整个格局是从南到北，渐渐从人工的格式发展到了北边和周围的山体、梯田相融合的格式，园林空间序列横向上沿净化工艺流程引导和打开，纵向上利用高差的视觉优势，力图展现清晰的湿地全景和下游河流廊道景观。在空间序列里所有的进出水的考虑都是在功能和景观空间上相互平衡的结果。如果从经济效益或者是功能化的水处理的功能达标情况来看，就必须需要人工化地考虑一些结构性的东西，包括管线及预处理，以及能让人利用的湿地空间。

4 未来人工湿地发展的趋势

第一个是场景多元化，人工处理技术不再仅仅处理污水，更多的项目开始处理微污染的环境水，污水厂尾水、河水、雨洪水均已成为主流的处理对象。二是城市中心化，湿地的概念不光作为污水厂二级处理尾水的下级处理单元，而且模块化的设计可以融入城市中心污水厂的建筑和工艺，衍生出“公园化污水厂”的模式 。三是高效化，如小型高负荷的滤池技术不断被突破，填料和植物组合的净化功效也不断提高。四是智慧化，多专业维护水平的提高和智能化的管理是人工湿地公园组合模式走向可持续化发展的关键。第五个是人性化，生态美学的发展和接受程度的提高，使融入景观元素的人工湿地公园更加能够集中展现湿地的生态和景观特征，以及服务使用者的需求（图10）。

图1 人工湿地技术分类谱系
图2 星云湖—抚仙湖出流改道工程
图3 “湿地群”流域治理
图4 玉溪特色旅游线
图5 下游湿地
图6 工艺流程
图7 湿地工艺布局
图8 湿地公园平面图
图9 上游湿地公园布局
图10 未来人工湿地发展的趋势

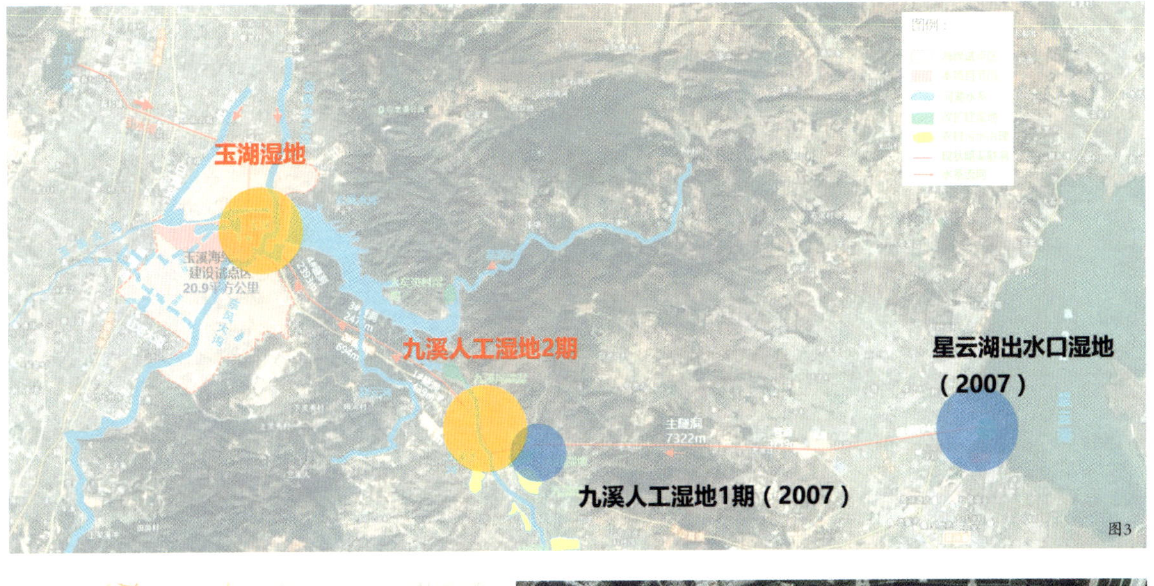

图3

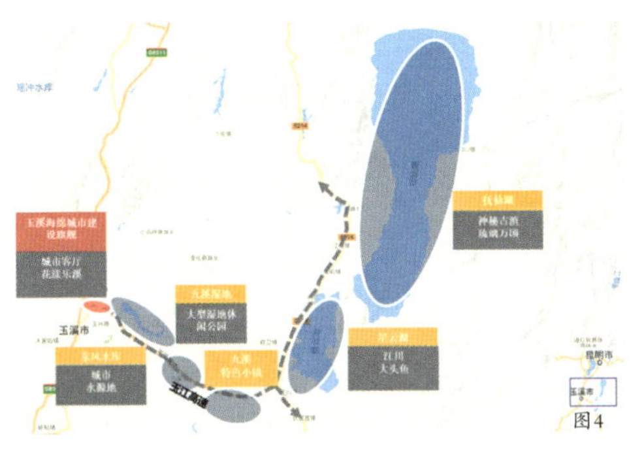
图4

图5

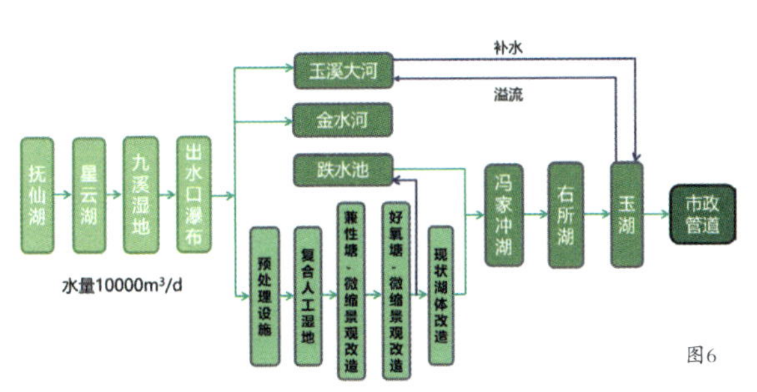

图6

图7

图8

图10

图9

吴昊

WU HAO

荷兰注册设计师，瓦赫宁根大学硕士，清华大学学士，长期从事生态水环境、河流修复、生态园林的研究与实践工作，在绿色基础设施规划、生态恢复技术、雨洪管理等领域有着丰富的经验。负责完成了天津文化中心生态水系统设计、荷兰莱茵河堤防空间质量提升计划、深圳宝安活力西海岸环境设计、北京亦庄国锐金嵿广场、玉溪市东风广场、天津空港国际商务园区雨洪管理、南京生态科技岛湿地公园、重庆双溪河生态治理、荷兰N356国道景观生态基础设施设计等工程项目。

第二自然里的怡人空间

THE PLEASANT SPACE IN SECOND NATURE

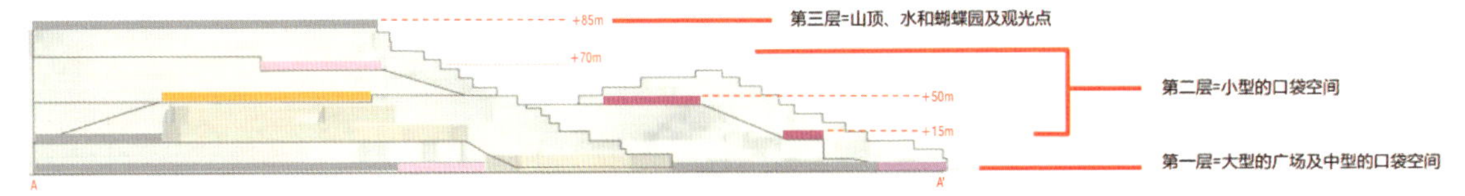

图1

摘要：本文介绍了第二自然的概念，提出了创造第二自然中怡人空间的观点，并通过4个实际案例来对这一观点进行诠释，生动地讲解了如何设计营造第二自然里的怡人空间，为我们带来了体验美好生活的新途径。

Abstract: This article introduces the concept of second nature. It puts forward the idea of creating a pleasant space in second nature, and interprets this viewpoint through four practical projects. It vividly explains how to design and build a pleasant space in second nature. It brings us a new way to experience the beautiful life.

关键词：第二自然；怡人空间；空间设计

Key words: Second nature, Pleasant space, Space design

1 第二自然的概念

从哲学上说，未经人类改造的自然是“第一自然”，经过人类改造的自然是“第二自然”。从根本上说，“第二自然”是人类改造世界实践活动的产物。我们所做的事情其实都是关于第二自然的事情。

我们要以美学为基础，以自然为载体，从自然视角和场地体验中解读景观的内涵，研究并创造第二自然中具有可持续生命力和人类价值的活动空间。

2 第二自然里的怡人空间案例解析

2.1 深圳安托山博物公园

2.1.1 项目背景

这是一个位于深圳的国际竞赛作品，北部是塘朗山，安托山下面是世界之窗、华侨城，再下面就是海，其实就是山海通廊中的最顶端。深圳很多土地都是造海填出来的土地，安托山不幸成为众多被挖采的山体中的一个。因为政府当时有要求，要做成安托山博物公园的性质，而且要有后工业感，所以就把场地的基底完全贴到场地平面上。但是光有这个还不行，设计时从南至北、从东向西把它的生态通廊打通，同时在里面切割有被开采痕迹的空间，这种空间内部变化非常丰富。把这些空间组织好之后，再在里面建设博物馆。

2.1.2 设计理念

场地作为一个容器，是垂直空间上口袋场所的整合。山体的高差比较大，所以把口袋场所安置在不同的高差上，比如绿色的口袋公园、活动的口袋公园等（图1）。当然也根据公众的需求，进行全龄化的考虑，从家庭、学生、老人、残疾人出发，把他们的需求提炼出来，跟场地尽可能一一对应，同时把它们放在不同水平线，也就是放在不同高差的场地上。公园的西侧是比较完整的山体，东侧破坏的力度比较大，因此工作重点还是在东侧，西侧的话会通过极简的介入，尽量保证生态的完整性。

2.1.3 水网修复概念

说到水网，根据高差及水的地表径流，来分析场地和水的关系，以及潜在的适合各种活动的空间，包括坡上的、悬崖峭壁上的空间。有水和土壤的话肯定就有动物和植物。我们分析各种动物不同的习性，做出非常完整的生态系统，让这些动物也能够在其中舒适生活。如图是最终得到的结果（图2），当时故意把这个图画脏，因为它确实有点后工业感，获得了国际

图2

竞赛第一名。

当时还做了实体模型，里面的空间是非常丰富的，比如从北侧入口到西侧的山体上其实是有很多不同的景观序列。刚才说到水，从局部来看水体非常复杂，跟地表径流和之前的地形有直接的关系。环境、水和建筑博物馆是融合在一起的。

2.2 成都九道堰

这是2021年我们刚中标的项目，2021年成都会有一个世界大学生运动会，九道堰是成都北部农业灌溉的城市，因为大运会的主场馆在这，它整个的河道和主场馆的景观要融合在一起，同时还要考虑大运会结束之后场地怎么用。从设计上，把场地的场馆的肌理延续到河道上。这里一共有8个公园，也需把它们的肌理延伸到河道上，同时设计一定的疏散空间。所谓空间的营造，是使得有些地方是虚的，同时这些水从九道堰过来，最下面的部分做了一些生态湿地，让它的水从九道堰这条河道过到我们的中央湖体进行净化。这里肌理感比较强，个人比较喜欢这种有点夸张、肌理感比较强、有冲击力的东西。

2.3 南京紫微堂

这个项目是在南京，位于一个三面环山的地方。住宅里面的环境其实还是要从绿色公共空间出发，但是我们先从边界来考虑，就是要找出它的汇水线和汇水面。然后把山体和住宅交界的地方做成了比较宽的水面及过渡到人工的水景。集中水体的地方做了适合住宅的瀑布。

我们对可能有塌方危险的地方进行了加实，还做了一些比较硬朗的对比，有的石材比较硬，比较质朴，同时结合光影及柔和的植物。图3展示的是住宅里面的树和花园，体现了人和建筑，尤其是人在绿色的空间里面的一些细节。

2.4 无锡拈花湾

这个项目是一个改造的项目，虽然平面图比较简单，但是需要大量研究场地本身的作用特征和水体的特征，以及本土的植物和水路等。一些开发商要做文旅项目，房子和太湖交界的地方生态敏感性是比较脆弱的，所以基本上还是保持它原来的地形特征。因为是文旅项目，所以在其中加入适合在这个地方生长的植物，创作出一些比较特别的意境或者是空间。

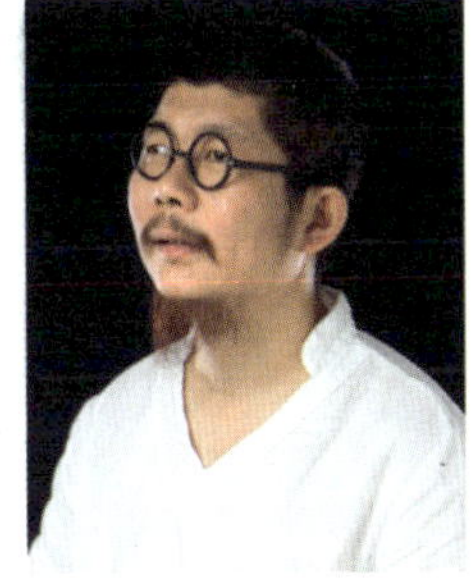

刘子明

LIU ZIMING

成都赛肯思创享生活景观设计股份有限公司总设计师、凡尔赛高等景观设计学院博士，法国注册景观建筑师。

这个桥是当时在场地上按1:1的比例做的（图4），个人还是比较喜欢这种不太贵的，但比较令人放松的生活场景，它在一定程度上反映了以前在这种地方生活的人的生活场景，所以这张图片个人比较喜欢。

其实，赛肯思不光是一个公司，更是一种理念，这种理念是从自然视角和场地体验中解读景观的内涵，以美学为基础，以自然为载体，研究创造出具有可持续生命力和人类价值的活动空间。

图1 口袋空间

图2 安托山博物公园设计成果

图3 紫微堂树花园

图4 拈花湾的桥

咸水湿地的重生
——山东乳山潮汐湖湿地公园设计分享

REGENERATION OF SALT-WATER WETLAND: DESIGN AND SHARING OF SHANDONG RUSHAN TIDAL LAKE WETLAND PARK

乳山潮汐湖湿地公园建成后效果

山东乳山潮汐湖湿地公园项目位于山东省威海市下辖的乳山市，建成前污染和生态破坏严重（图1），建成后取得了翻天覆地的变化，生态恢复效果显著（图2），里面的水鸟都是建成以后重新出现的，之前几乎销声匿迹。

1 面临的威胁

这块湿地叫潮汐湖，如果大家搜索潮汐湖，很大概率搜到的就是这个地方。从2007~2017年，潮汐湖的湖面面积减少了非常多，包括周边的房地产、围湖造田侵占的部分，这是对这块湿地的第一个威胁。

第二个威胁，是加速污染导致的退化。题目叫重生，其实并不是比喻，实际上一开始就把它当成有生命的东西，因为它的生命周期比较长，叫做潟湖，我们熟知的杭州西湖，实际上就是一个很著名的潟湖，按照自然进化过程西湖应该变成陆地，但宋朝至以后从而有对西湖的人工介入，进行疏浚、清淤、修堤，让它变成城市美景。

人类活动对潟湖的作用叠加使之形成新的生命，对于这块地来说，快速城市化让这个地方出现大片的住区，迫使湖的面积减少了大概1/4。

中国的滨海湿地相比于内陆湿地受威胁更大，原因之一是滨海地区的经济更发达，发达地区的土地价值高，由于地价高，人们无法抵挡住诱惑去填海，把这些湿地变成土地。

2006~2010年之间，每年有4万hm²滨海湿地消失，相当于70~80个西湖的面积。中国沿海湿地是西伯利亚候鸟飞往南方过冬的必经之地，因为潮汐湖的污染退化，这条线上的很多候鸟已经濒临灭绝了。基于这种情况，以下对潮汐湖进行了分析。

2005年，可以看到湖相对原始的大小，这个时候道路已经规划进来了。2011年，潮汐湖周边已经规划满了地块，就是刚才说的中国滨海湿地的缩影，非常典型。2011年之后，潮汐湖湿地本身已经被保护下来了，但是还有第二个威胁，就是刚才说的退化。比如说围湖养殖、水体污染、富营养化，使得滩涂的盐分慢慢堆积，导致无法种植任何植物，最终荒滩化。

2 潮汐湖的重生

对此，制定了一系列的改变措施（图3）并结合现状做了一些针对性的策略。整个潮汐湖经过多年的试图开发，最终形成了一个长长的堤，这不是自然形成的，是当年的一个项目想把它变成游玩和水上运动的地方，通过清淤，把淤泥堆在这里变成堤，这有点像西湖的做法。但是进行到一半的时候，这个项目就进入停滞状态，最后不了了之，因为开发本身是当时经济过热的产物。所以，最后潮汐湖就变成了这样的状态：西边水位较深，东边水位较浅，西边一圈都建了硬质驳岸。

对此，我们做了5个方面的工作，使之形成5个系统。游憩系统是最后叠加的，因为最开始的时候这个项目是设计施工一体化，最开始就让工程技术人员进场做了120多个土壤采样测盐分等。潮汐湖周边的状况是不一样的，针对不同的盐分才能因地制宜采取措施。比如土壤系统是最基础最优先考虑的，如果土

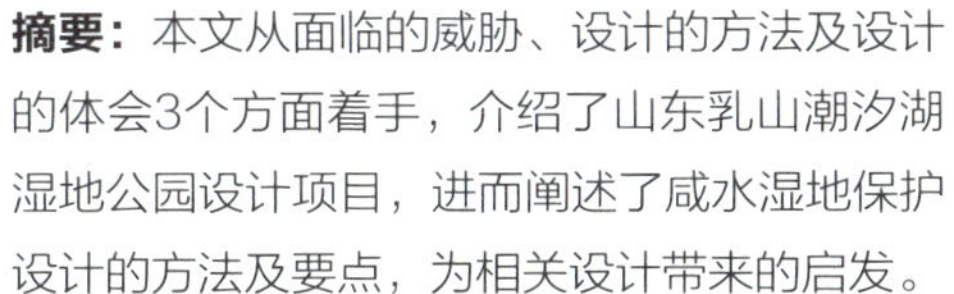

摘要： 本文从面临的威胁、设计的方法及设计的体会3个方面着手，介绍了山东乳山潮汐湖湿地公园设计项目，进而阐述了咸水湿地保护设计的方法及要点，为相关设计带来的启发。

Abstract: This paper introduces the design of Shandong Rushan Tidal Lake Wetland Park from the three aspects of threats, design methods and design experience. Then it reveals the methods and key points of salt-water wetland protection design to bring inspiration to related design.

关键词： 湿地；保护；设计

Key words: Wetland, Protection, Design

图2

图3

壤没有做好，生境也是不可能的，排灌也没有用，堤岸做得再漂亮也没有人靠近，游憩系统就不可能做好。先把各个系统拎出来，考虑如何叠加，最后才去叠加人的因素。

西边的位置之前做了清淤，水深比较深，生态敏感性相对弱一些，于是把一些需要市民活动的空间功能做到西边，现在可以看到西边已经建满了住区，相当于已经被城市包围，变成城市公园了。随后把西边原有的硬质驳岸全部软化，变成一个有弹性的驳岸。南边黄色区域保留了芦苇，原生的芦苇大概有37万m^2，我们补种了10多万m^2，同时进行了比较严格的保护，可以看到这些几乎是贴着边的，不让人走进去，只是在边缘去做了一些游览系统。

北边可以隐隐约约看到是围湖造田，是污染退化特别严重的地方，需要人为干预更多，我们尝试了很多种理论上耐烟碱的植物，实际上并不奏效，所以只能根据实践来选，最后选了一种在北方很常见的植物，成本也特别低，和芦苇组合把北边修复，效果很好。补种的植物景观效果也非常好，原本是荒滩以及土壤盐碱化太高的地方，现在水生植物都发育得很好（图4）。

在地势较高的地方，尤其是靠近城市人活动的地方，局部做了一些小面积的换土的措施，比如需要种植大树的地方，下面设置了排盐的管道，雨水会把土壤中的盐分迅速带走，从排盐管道里排出去，地势比较高的位置的土壤盐碱化会逐渐改善，当然也有一些和海绵城市等相关的排灌措施，不一一赘述。另外，在改造过程中做了一些湿地泡，稍微改变一下标高，让它形成一些水洼，下雨的时候就可以冲淡一点，便于植物生长起来，有利于正向循环。

最后，如果芦苇生长发育得好，生物就会变多，微生物、鸟类就都会回来了。

场地为居民设置的设施也非常必需，它不影响前面所说的生态修复，也给鸟类和原生湿地植物留下足够的空间，增加了一些海洋文化的东西。正是由于有这些内容，这个公园也变成了当地的网红，现在很流行。

3 引发的思考

生态设计，尤其在这个案例里，作为设计师、从业人员，不能被理解成被动的东西，因为在当下的中国，很多项目之所以没有实现有很大一部分原因就是的确不适合，破坏性太大，不可持续。

对于设计师来说，在最开始去的时候，遭到了当地的居民和观鸟的人的嫌弃，说："怎么又来了"，他们以为我们是来搞开发的，会把当地生态环境破坏掉，导致鸟儿都被迫离开了。过程中我们确实需要积极地解决问题，如果仅仅是把公园保护起来，不能把退化的荒滩改造成漂亮的地方，他们的认知可能不会改变，他们会觉得你们没有做什么有用的事情，所以应该积极主动地解决问题。

再者，这类项目总会带给设计师太多的感慨，实

图5

际操作过程非常虐心，包括实验水生植物，甚至是一些大乔木，过程中都经历过特别多次的反复，而且在现场发生了非常多匪夷所思、不合逻辑的事情，大家经常会觉得做某件事情，或者说某个项目的原理挺简单，但是有时候就是会行不通。

最后，在做项目过程中，首先是要理性、科学，但是面对过程中不合逻辑、匪夷所思的事情，需要用感性的激情去做，比如当地观鸟的人特别让我们感动，他们说的这句话“对人类来说，这里只是玩耍的地方，但是对于鸟类来说，这里是他们的家园”给我留下了深刻印象。他们感性的认识会让我们愿意更多地投入和付出。其实中间还出了个插曲：我们在原来的荒滩上做了一条湿地栈道，没有破坏芦苇。但是在做基础的时候，当地的观鸟爱好者以为我们是在乱修乱建，破坏环境，于是就把我们告到政府那里去了。山东省环保督察组很重视，专门过来检查，但是检查以后发现我们并没有真的破坏它，只是做了一个基础，也是在修复，这个风波才过去。等建成之后，反响非常好，当地的居民，包括政府人员都认识到实际上可以有这样一种美景的存在（图5）。

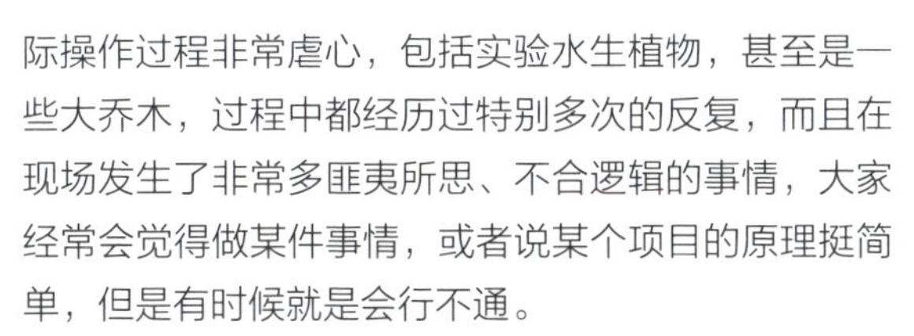

潮汐湖，或者是潟湖，有它的生命周期，而且生命周期很长，比我们人类长的多，所以我们更应该去善待它们，努力做一些有意义的事情。

图1 建成前的场地
图2 建成后效果
图3 总平面图
图4 水岸空间
图5 景观效果

田辛

TIAN XIN

国家一级注册建筑师。现任岭南设计集团设计总监，在景观行业有超过17年的从业经验，主持过多项大型综合性景观规划设计项目，涉足滨水区综合整治、城市更新、乡村振兴、文旅景区、工业园区、住区等各个领域。

绿色智慧在城市空间中的设计实践

GREEN INFRASTRUCTURE & TECH IN URBAN REALM

北京奥林匹克森林公园

摘要： 有些绿地成为了从街边到建筑之间的障碍，流线或是活动功能并没有给人带来愉悦感。城市间的绿色可以有更多意义，不仅是绿色的颜值，我们更需要绿色的价值。

Abstract: Some green space is becoming the barrier between street and buildings, while circulation line or activities function they offered did not brings joyful feelings. Urban space can be more meaningful, besides aesthetic we also need green value.

关键词： 绿色智慧；城市空间；街道改造

Key words: Green infrastructure & tech, Urban space, Street reconstruction

图2

图3

图4

图5

绿色智慧并不是说把城市空间和景观变得多智能或多聪明，而是强调在欣赏景观的同时为社会和城市提供额外价值，尤其在城市空间里面。我们看过很多优秀的城市空间项目，例如北京奥林匹克国家森林公园、伦敦的海德公园（图1）、以及巴黎凡尔赛宫庄园（图2），它们都为城市空间提供了良好的额外价值。

1 城市街道现状及面临的问题

然而，在欣赏这些优秀绿地案例的同时，也不能忽略它们背后隐藏着的城市问题，举个例子，1914年的北京城，还不包括二环建国门和复兴门为拐点的区域（图3），1952年建国以后，北京城市向南侧扩张（图4），在2017年时，整个市域范围达到了1600 km^2，以六环为边界，扩张了40倍的区域面积。虽然城市面积增大了，可北京城市的街区面积却没有改变。北京的典型街区，几乎是世界最大的街区，有270 m长。街区长度是指开车从这个红绿灯到下一个红绿灯的距离，它能够形成一个灵活的流线系统。由于北京的街区长度过大，这就造成了北京的交通拥堵。街区尺度是非常关键的，例如纽约的每个街区都很小，车可以在不同的街巷当中穿梭，甚至还有很多都是单向车道，不同的街区尺度会造成不同的城市病。

街区面积过大会造成几个问题，最典型的是失序，具体表现为城市街道沦为停车场，无论是停自行车还是机动车，它们在街道上是非常无序的（图5）。人行道本来是给人走的，现在却有自行车和非机动车在走。为什么？因为它们本来应该走在辅路上，而辅路空间被机动车占据，非机动车只能占据人行道。那么人去哪儿走呢？人走到了绿地里和道牙上。50年来，中国的城市设计留下了太多的问题，城市的过度开发，使其承载力大大下降。

为了解决这些问题，我们做了很多绿地，但并没有帮城市承载更多的功能，比如海绵城市，它们看起来很绿，但实际上并没有起到相应的作用。北方城市典型的绿地是抬高的，尤其是20世纪80年代、90年代的景观项目，一做绿地就是抬高，实际上这是非常劳民伤财的方式，原本绿地可以很好地吸收道路上的水，将绿地抬高后道路上的水根本无法被吸收，绿地中的水还要通过小孔再传到人行道上，这反而加大了城市综合管网的压力。

这些绿地都是毫无乐趣的，有些绿地甚至成为了人们通行的障碍，绿地的出现并没有给人带来愉悦感，因此城市间的绿色需要变得更有意义。

2 国际成功案例

2.1 纽约布兰特公园

美国纽约的布兰特公园(Bryant Park)，是个设计简单却很有趣的地方（图6）。公园选址在曼哈顿城高楼密布的地方，大多数人常年活动在高楼的阴影底下，见到阳光的机会不太多。在这样的区域中设计一块开放的大草坪，没有太多的功能分区，只是单纯地供人们去享受绿色的空间。当然，这个公园也存在一些问题，这里的犯罪率非常高，因为这个公园在设计之初被抬高了，高差使人们在街边看不到公园里发生什么，后来经过几次推翻重改，把公园标高推平，这样视线能连通，从而保证人们在这里活动的安全性。

2.2 多瑙河

多瑙河维也纳段有一个和衡水湖类似的案例，多瑙河流经很多地方，它的水位非常高，而维也纳城市海拔却非常低，以至于河水一上涨城市就会被淹。为了解决这个问题，设计师在原有多瑙河旁开了一条人工河，并在中间加了一个坝，最终建成了一个可被淹没的公园，同时这个公园也成为了整个维也纳城市休闲的重要开放空间（图7）。公园于1981年开始建造，名字叫做DIE，公园里也分多个层次，会利用水做内侧的水景。

2.3 美国新奥尔良

在美国新奥尔良有个地方和多瑙河维也纳段有点相似，但情况更严重，整个城市完全比海平面要低，有非常严重的内涝灾害（图8）。

当地政府把所有的城市绿色开放空间当作基础设施来用，把绿地当作排水沟。微观上这条河在下游，绿道在下游变成一个水渠，小孩子可以玩，旁边有一些水生植物，下凹的绿地做了很多亲水的设施，包括街边的绿地。

3 实践案例

3.1 中关村大街城市客厅

中关村大街城市客厅长3.6km，靠近国家图书馆和白石桥，大街的东侧可以通过白石桥到北三环。在这条大街上有一些比较有趣的地方，这里原来有一条白杨大道，大道的两边是两排白杨树，一直连通到中关村大街。两排大杨树之间还有草沟，大街上的水自然而然就排到生态水沟里。

原本这条大街的绿地在两边成为阻碍，完全不能渗水，虽然有一些休息空间，但非常老旧，辅路上缺少供人们休闲娱乐的公共设施。我们针对这些问题进行规划设计，把5个特点融入到大街里面，第1个是文化，第2个是生态，第3个是慢行，第4个是休闲，第5个是智慧，总体的策略是希望大街快起来，让机动车跑得顺畅，让人的行走更为舒适(图9)。

我们对道路进行了改造，把道牙打开，让水流到旁边的绿地。3.6km的示范段中，左侧是北三环，右侧是魏公村地铁站B口，面积共有5万多㎡，我们强调了人们的休闲性和活动性，在大街的辅路里面有各种休息活动空间，包括局部水景的植入，老年人活动的空间，办公人员的活动空间和一些健身设施。

这条大街有两个智能化的元素，一个是太阳能板，所有的停车廊架都是由太阳能板覆盖的，可以为附近景观提供所需要的电量；另一个是一条100m的发电道路，发电道路可以通过行人对道路的摩擦和挤压来产生电能，这个电能结合太阳能一起为900m的大街供电，包括景观用电、灌溉系统用电、座椅充电、路灯用电等。

3.2 望京步行街改造

望京步行街的改造主要是两方面，第一方面原来是机动车、非机动车完全混在一起的街道，我们在政府的支持下做了一条步行街，没有车，只有人行（图

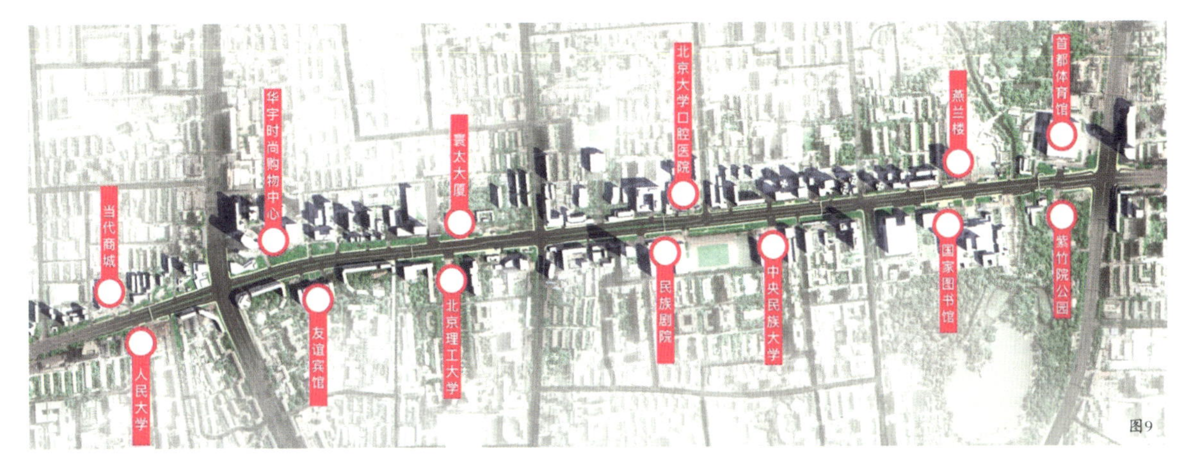

图9

图10

图11

10）。我们用了很多生态观赏草的植物，提供可涉水的界面和休息空间。第二个方面是步行街场地没有组织排水，由于这里很容易形成洪涝灾害，所以我们在景观里增加了很多可渗透界面，比如碎石的界面，碎石底下可以渗水，上面再结合做休息功能，把两者的功能和生态性结合在一起对公共开放(图11)。

3.3 海淀科技公园

海淀科技公园位于接近西六环的海淀高新区，是一个以科技企业为主的公园。整个公园有比较多的电能转换，以及水资源的再利用。第1个是太阳能系统，利用太阳能板，包括一些可吸收太阳能的装置为园区供电；第2个是雨水回收再利用系统，整个园区设置了一个将近22m^{2}的出水装置，这个出水装置可以给整个园区进行灌溉。水井的使用是一个自循环的系统，路面也是可渗透的区域；第3个是互动体验，通过模块把人的动能转化成为电能，同时有一些参与性和娱乐性，通过互动跳泉，增加趣味性。

3.4 深圳大沙河武艺公园

深圳大沙河武艺公园正在建造中，这个公园在大沙河生态长廊的中间位置，和其他3个公园相连。大沙河公园偏向于运动主题，我们做公园的时候不单单是看公园本身，还要增强公园和周围环境的联动性。比如说这块区域的公园停车位是严重不足的，原来北侧的公园和大沙河公园没法停车，我们做了一个大型停车场，以满足周边公园的停车需求，于是这里成为了一个基站，大家可以先到我们的公园停车，再发散到旁边的3个公园。同时这个公园是个天然下凹的公园，我们利用高差增强公园的娱乐性，人们可以直接从滑梯滑到公园。低洼湿地可以处理成很多水岸的界面，包括衡水湖，人们会被湖水吸引，在湖水边驻留。所以我们创造了不同的滨水界面，不同的距离，以满足不同的年龄层次的人对于水量的需求。不仅是绿色的颜值，我们更需要绿色的价值。

图1 伦敦海德公园
图2 巴黎凡尔赛宫庄园
图3 1914年的北京城规划
图4 1952年的北京城规划
图5 街区面积过大导致的失序
图6 布兰特公园
图7 DIE公园
图8 新奥尔良城市开放绿地
图9中关村大街城市客厅平面图
图10 望京步行街的改造
图11 望京步行街无组织排水

楼颖
LOU YING
北京本色营造景观设计有限公司创始人，设计总监，美国景观建筑师协会常任会员，美国注册建筑师。

新疆乌鲁木齐青湖御园生态温泉公园

QINGHU YUYUAN ECOLOGICAL HOT SPRING PARK, URUMQI, XINJIANG

乌鲁木齐雪山

图1

摘要：传统的古典园林在建筑设计和建造工艺上对生态系统的干预是比较小的。随着社会的发展和技术的革新，现在设计对生态系统的干预会更小。新疆乌鲁木齐青湖御园生态温泉公园尝试将建筑的传统理念、现代的设计技法与生态系统进行融合和共生，从而提升该区域的生态稳定性，达到建筑与环境共赢共生的目标。

Abstract: The traditional Chinese gardens influence slightly in the ecosystem due to their sustainable design concepts and physical construction techniques. Following the social development and technological advance, the intervention of contemporary landscape designs also can be reduced more in the ecological system. The project of Xinjiang Urumqi Qinghu Yuyuan Ecological Hot Spring Park is a sample which demonstrates designers' ambitious, integrating the traditional concepts of architecture, contemporary design techniques and the ecosystem as well. The aims are not just to enhance the ecological stability of the regions, but also to achieve the goal of win-win and symbiosis between human architecture and the natural environment.

关键词：生态保护；现代工艺；传统文化

Key words: Ecological protection, Contemporary craft, Traditional culture

众所周知，在过去的设计经验中，因为技术上的一些局限性，传统的古典园林以及建筑在设计和建造工艺上对于生态系统的干预是相对来讲比较小的。随着社会的发展和技术的革新，现在设计对生态系统的干预应该更小。我们认为技术和意识的提高可以使设计具有更广阔的可能性。所以在此项目中，我们尝试将传统理念、现代的设计技法与审美意识和生态系统的维护方法进行一个有效地融合和共生。

1 乌鲁木齐的景观现状

首先，乌鲁木齐是一个集美食、美酒等丰富民族特色的城市。乌鲁木齐有一个有意思的特点是它的冬季寒冷漫长，但可以用令人窒息的美丽来形容。它的平均温度在零下10℃，在最冷的时候甚至能够达到零下30℃。这种气候特色直接导致了当地和周边居民活动项目的匮乏。

目前，在乌鲁木齐主要的旅游活动有滑雪和泡温泉(图1)。乌鲁木齐在民间素有“南山北水”的称号。南山在乌鲁木齐的南边，是天山山脉的一部分，拥有中国最顶级的滑雪场，亚洲最陡的3个雪道有两个都在这里。加上近几年南山滑雪度假村不断地规划更新，所以这里成为了乌鲁木齐周边冬季滑雪运动和活动的主要场所。提到温泉，就要说一下北水了。北水就是此次项目周围最大的水域——青格达湖。青格达湖的水源补给来自天山山脉的冰雪融水，这里的生态自然资源非常丰富，而且交通极为发达，可以开车去往新疆的任何地方。由于生态和地理区位的优势，这里自然就成为了新疆旅游度假的理想之地。为此，当地政府和业主特地委托我们来做这个设计，并要求格外关注北水生态系统的维护和塑造。

业主希望设计能够在尽可能不影响场地生态现状的前提下实现一定的商业价值，即温泉公园项目。并且他们对于中国传统文化有着很大的好感，所以希望项目中能够有一些中国传统元素应用和实践。因此，如何将传统文化与现代手法相结合，运用生态理念的技术比如最低限度的土方填挖等，保护现状的自然生态，成为这个项目最主要的设计目标之一。

2 场地的地形现状

在最初勘察现场的时候(图2)，场地上最直观的就是大面积的湖水，相对茂盛的植物还有丰富的地形。对设计师来说，我们应该去发掘场地的无限性和更广泛的可能性，而不是仅仅满足甲方提出的需求。那么除了温泉之外，这边丰富的优质自然条件也可以帮助人们进一步亲近自然。

在充分考虑了业主对项目的需求后，根据地形、植物的分布和主要水体的位置，我们将这个空间分成了3个区域(图3)，第一个区域是以温泉建筑为主的建设区，人为干扰比较多一些；第二个区域是根据地形特点设置的台地景观过渡区；第三个区域是人为干扰最少的自然保护区。

景观设计的核心之一就是要以人为本，注重人的体验。因此，在此生态公园中，在保护本地植物和最大限度地尊重原有地形的前提下，我们结合温泉建筑的现代设计形态，运用流畅的曲线设置了双层交替的交通游线，让游客可以多维度地接受自然，感受自然，同时还可以获得非常好的园区观赏视角。

3 生态设施及应用

在原有地形的基础上，我们还加入了一系列生态设施及技术应用。该区域的年降水量只有160mm，而北京是600多mm。如果把北京的降水量挪到本区域中，那么北京的年降水量就可以让人们在夏天看海了，所以雨水的处理尤(图4)为重要。我们主要运用的生态技术是对场地上的水资源进行收集、保护、净化、引流和下抻，从而补充地下水资源或是回收二次利用水源。

除了雨水收集处理的生态技术之外，我们还设置了其他生态设施(图5)，比如该地区有一个很大的特点，虽然夏季非常炎热，但是在阴凉处却非常凉爽。所以利用这一特点，在水岸以及湖心岛的区域种植乔木，增加植被的阴影面积降低局部的温度来减小水域的蒸发量。还有就是在现状湖里放置生态岛，增加水面和水下植物的多样性，以及通过抬升场地的设施来尽量减少人为施工对于现状环境的干预，从而实现生态的可持续目标。

建筑设计结合并运用了中国传统元素(图6)，如仿木造结构、坡屋顶形式、瓦片等，以满足业主对中国传统文化运用的需求。并且在建造工艺上要求施工能够实现最低干预现状环境的目标。结合建筑及其周边环境，加入雨水收集处理的技术，以完善生态体系。

园区核心的温泉建筑，通过室内外空间的转换，搭配中庭景观效果，可以让人们有更加丰富的体验。同时中庭的景观也加入了雨水花园、透水铺装等生态设施，不但使中庭(图7)保留了极高的观赏性还保证了生态的功能性。

除了保护场地现状植物外，还因地制宜地使用了本地的植物或是适合生长在本地的植物，比如说槐树、白蜡、新疆远东、菖蒲等，它们可以增加景观的功能性、观赏性以及生态性。植物物种的提升自然会增加动物物种的多样性，从而更加完善该地区的生态系统，人们也可以更近一步地感受大自然、亲近大自然。

4 项目成果

该项目就是以现在的手法将传统的元素加以运用，再结合生态技术的使用，最大化地减小人类对生态系统的干预，满足业主对于项目的生态维护以及应用中国传统文化的需求。

项目建成后，该区域的生态系统会形成非常丰富的动植物生态景观，这可以提升人们除冬季温泉旅游外不同季节的体验，增加项目的知名度，从而引流实现商业价值。至此青湖御园生态温泉公园(图8)也承担起了对于该区域生态环境维护并改造提升的责任。

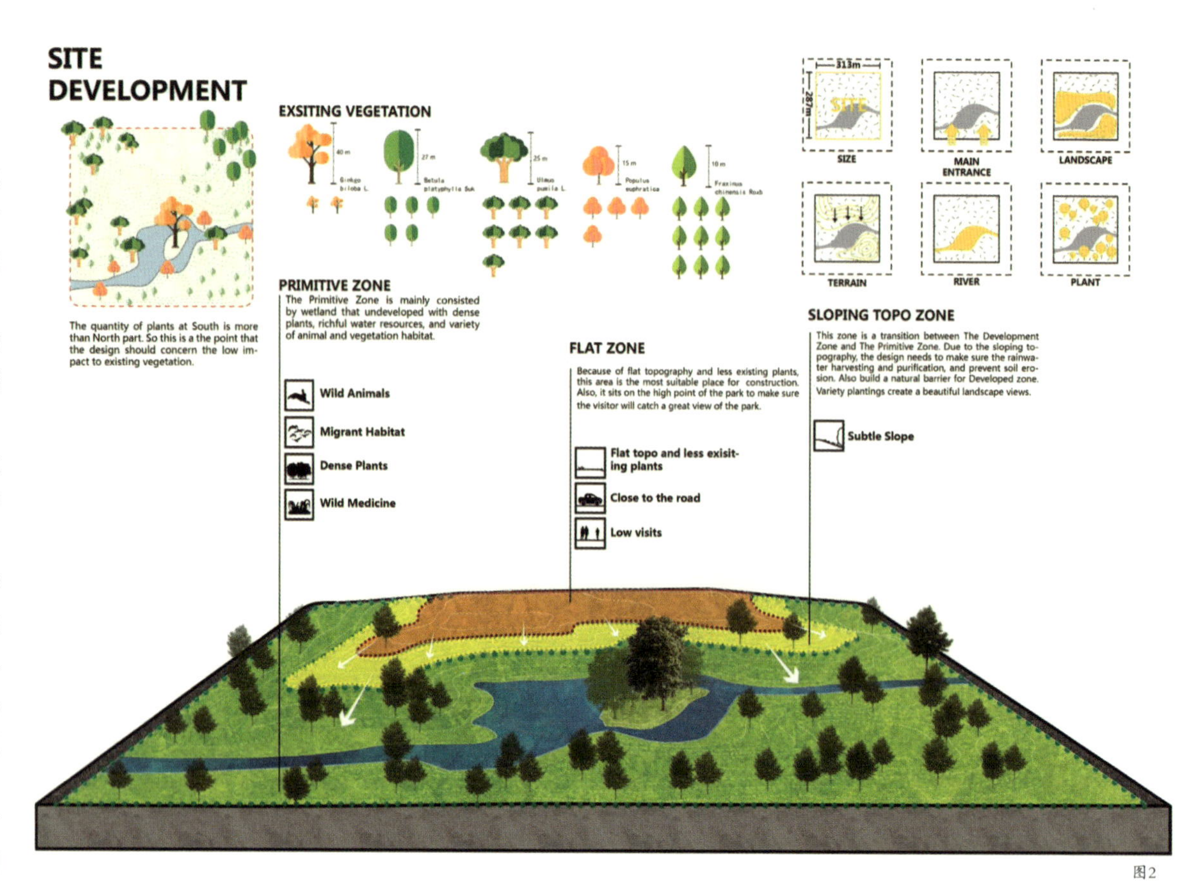

图2

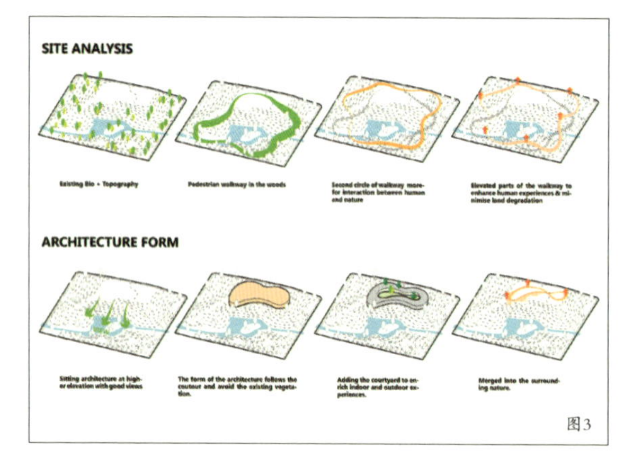

图3

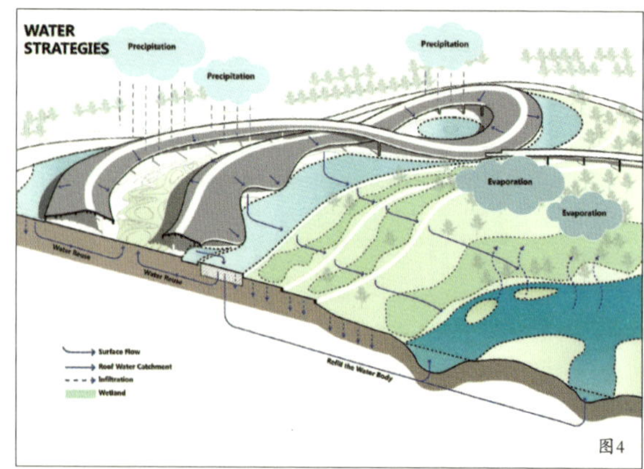

图4

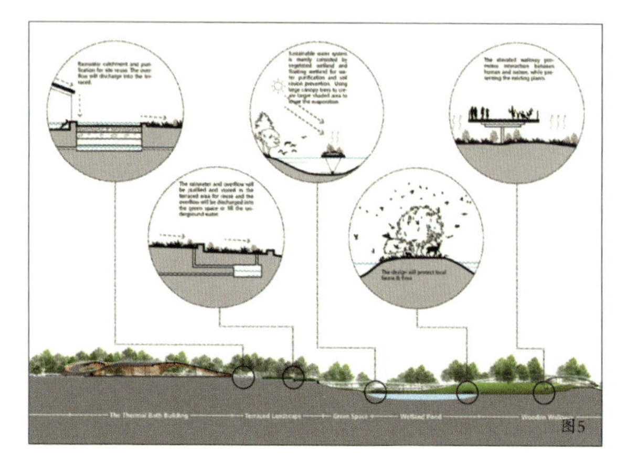

图5

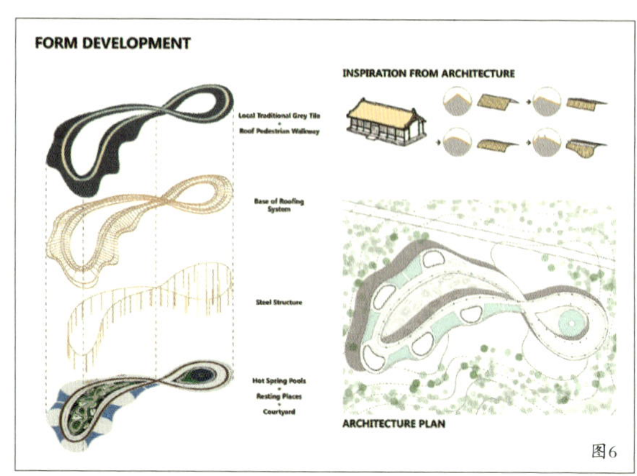

图6

COURTYARD EXPERIENCE

图7

图8

王一丁

WANG YIDING

一合舍建筑设计合伙人。曾供职于美国DTJ设计事务所工作、中国城市建设研究院。主要负责并参与项目包括：新疆乌鲁木齐清湖御园生态温泉公园，青海格尔木小岛生态湿地公园，西宁火烧沟生态公园，神农架棕峡景区民宿规划设计，秦皇岛人民公园改造项目等。

图1 滑雪、温泉
图2 场地分析
图3 空间划分
图4 雨水收集处理生态技术
图5 生态设施
图6 中国传统元素
图7 室内中庭
图8 园区效果图

浅谈水生态保护与城市的协同发展

DISCUSSION ON WATER ECOLOGICAL PROTECTION AND THE COORDINATED URBAN DEVELOPMENT

滨水城市的水生态保护

摘要： 对于滨水城市的水环境保护和城市需求协同发展，需要避免以前粗放式的开发和管理，从顶层设计开始对整个项目进行评估，对水体、湿地、管理者、使用者进行综合调研，联合规划、水利、生态和景观专业进行复合性设计，才能满足当前社会对环境和生活休闲品质的要求。

Abstract: For waterfront city's water environmental protection and coordinated urban development, we need to avoid the old way of extensive development and management. Assessment of top-level design, research about water, wetland, management and users is necessary for the multidisciplinary design to meet the current requirements for the environment and life of the society.

关键词： 水生态；滨水湿地；城市发展

Key words: Water ecology, Waterfront wetlands, Urban development

10年来我们在昆山市做了很多项目，基本上都是在生活区边缘和滨水的交界做生态处理。我们发现一个状况，国内很多城市在过去20年集中发展经济，所有的建设以经济为先，导致很多规划上的蓝绿线控制执行不严，整个生态环境和居住环境逐年变差，城市看似河网发达，其实水质污染严重，很多水岸变成私人领地，与公众不亲近，甚至有不良气味和其他健康问题。

很多河道变成城市内部的排洪渠，慢慢失去了自净、滞洪等自我调节能力，同时也破坏了河道及周边的动植物栖息环境。如果上下游城市都采用这样的做法，则会导致城市的防洪驳岸越做越高，最终演变成流域内城市防洪驳岸竞赛，水环境越来越不可持续。

1 恢复水系生命力的设计策略

通过过去10年的项目观察，发现许多城市50年一遇或100年一遇的防洪标准在10年之间增加近1m。这导致人和水的距离更大，更难亲水，水的环境对人们来说更深邃。在此我想简单地提出一些设计策略，帮助我们了解怎么去做水的恢复，或者是再生水的生命力。

如图就是现在都市水的状况（图1），有一个很高的堤岸，甚至配上了河川的控制线，然而控制线内的部分用地却让给了住宅、工厂和居住区。因为建筑与河道离得很近，所以这些建筑的污水会合法或者是非法的排放到河道里。

想要恢复水的生命力，第一件事就是把蓝绿控制线找回来，把雨污分流。利用河川控制线里的空间可以做很多事情，可以导入慢行系统，可以让这个地区有一个多样化空间，可以让更多的人参与进来，可以去除污染物、净化水源等。如图2所示，修复回来的情况就是右边的模型，左边是原始的模型。你会看到无论是居住区还是高密度的住宅，实际获得的空间比蓝绿线的空间要高。这个项目可以协同都市发展单位或者是其他开发单位一起来做，它对社会有很大的帮助。

2 昆山南淞湖规划

接下来以南淞湖为例加以说明，因为昆山临近上海，所以这里吸引了很多外资进来设厂做开发，这就导致这里的绿地空间、滨水空间和一些不利于居住的空间全部被工厂占满了。高新区是昆山市未来吸引和发展高端制造业的主要区域，而南淞湖就位于高新开发区南部，紧靠连接上海和苏州的重要生态廊道吴淞江。作为高新开发区南部唯一的大型湖泊，南淞湖是昆山完善生态系统，弥补南部开发区生态节点和公园缺失的重要区域。

根据统计资料显示，这个区域在16年的时间里，绿地消失了48%，其中36.2%的绿地贡献给了工厂，6.6%的绿地给了住宅，期间没有再开设新的绿地。

2.1 规划策略和实施方法

通过研究该项目的现状可以看到，由于城市扩展使得南淞湖逐步变成垃圾填埋场、墓地、地铁建设和建筑垃圾堆填场地。绿地生态系统不断缩小和碎片化，水质和空气持续被污染，这里成为了被城市忽略和遗忘的角落。人不愿意进去，植被也长不好，即使

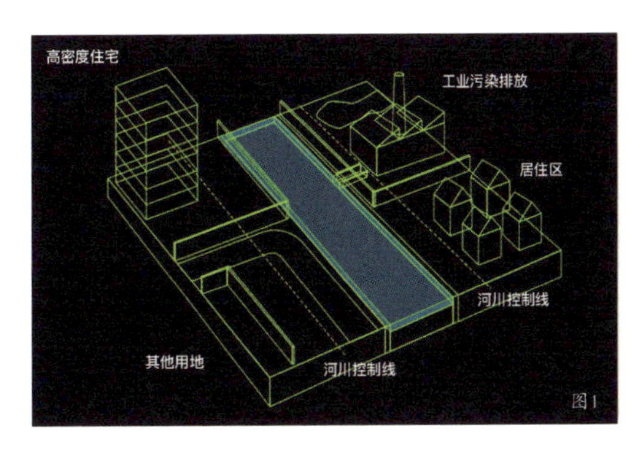

图1

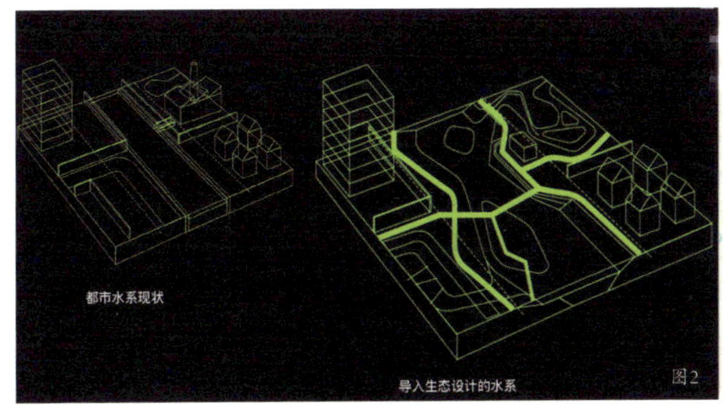

图2

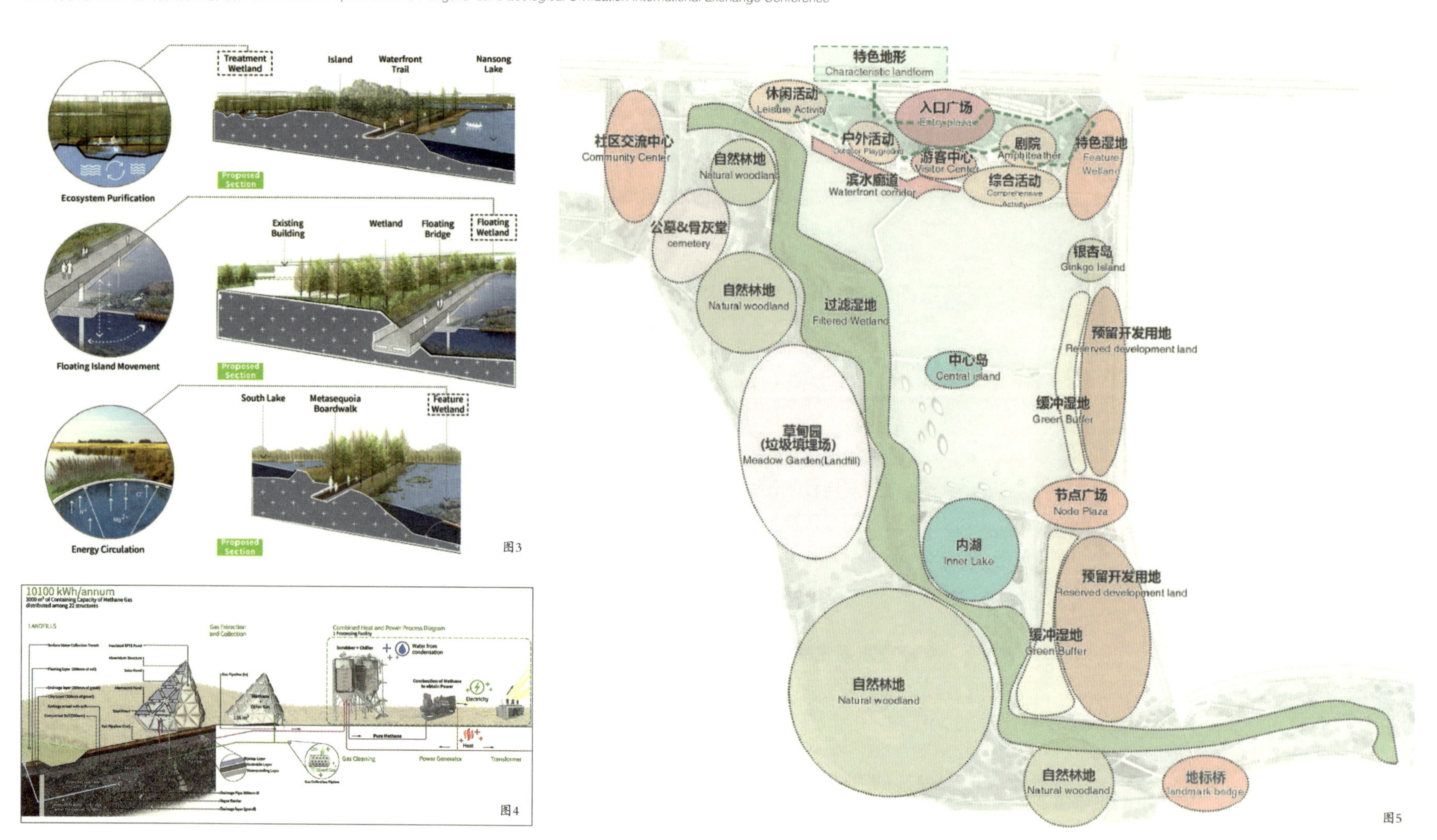

图3 图4 图5

强行植树造林，也没有什么效果，因为生态系统被破坏掉了。

在这个基础上，我们开始执行整个绿地的重生计划，第一件事是把水体整治起来。我们利用水泵抽取上下游的水源，做了很多净水的湿地，用积极动力的方式更换有问题的水体。因为这附近开了很多养殖场，业主会把湖水切割成一块一块的小空间，在这些小空间里水的循环是比较差的，里面有很多死水，所以我们必须打通这些死水，让这里的水活起来。根据不同的坡向，利用落差去处理水，如果落差比较大，我们会造一些湖台，并在湖台上做一些设施，让这个地方变成观景台，而不是一个生硬的河岸线。

在整治完水体后再去恢复生态系统的多样性，我们根据水体的情况，筛选了数十种适合生长在这里的植物，将它们按类别依次栽种在水体的周围（图3）。我们经常说生态保护，其实保护是不够的，生态系统被破坏后，仅靠保护是没有办法让它恢复的，我们必须科学地计算，才能让它恢复原来的样子。

湖面的西南角有一个大型垃圾填埋场，我们是希望利用太阳能把垃圾场的沼气提取出来，再利用沼气给周边的建筑提供电力和热能。因为废弃垃圾也是可以再利用的，它们对环境也是有贡献的。计算得到大概需要15年的时间，垃圾场的沼气会渐渐地提取结束，未来我们会慢慢完善这项工作。

图4是一个简单的示意图，可以看到在垃圾场下面有一个提取管道，因为垃圾有很多有机物质，微生物自然分解会产生沼气，沼气可以顺着管道进入到储存槽里面，储存槽是用光伏制造的，是一个透明的容器，沼气提取进来之后，在这个地方储存，送到萃取机里面萃取，再进到发电机里面发电，这是一个简单的恢复过程，而且有利于生态发展。

太阳能也是一个重要的能源，其实我们在二三十年前就开始发展太阳能了，但是当时失败了，原因在于电力储存成本太高，当我们拿到太阳能的时候，到了晚上再点亮，这个过程的收放次数是有限的，当电池失效的时候其维护费用是相当高的。现在我们使用的太阳能不再具备储存电力的功能，当时收集的能量当时用掉，例如湿地需要水流动，这个流动最好的方式就是通过动力，用泵打过去。白天用泵把水往上游打，造成位差之后流回来，这个时候就可以用太阳能去做。

我们也希望近水湿地在夜里可以缓缓地流动，用白天太阳能的电力泵上去之后，再把多余的水泵到高处。例如，萃取塔的顶端就可以储存为位差，在夜间慢慢释放回来，我们储存的是动能，因为动能其实就是能量，所以大家在使用太阳能的时候可以使用白天驱动，晚上储存能量的方式。太阳能还有很大潜力有待去研究。

2.2 规划过程与决策

这个项目要发展下去，就必须做得很准确，所以我们做了很多调研，包括行人停留的时间，来的目

的及交通工具，他们会在什么区域活动等，都做了很深入的调查。调查结果显示，因为区域旁边的工厂很多，所以进入到这个区域里的人有73%是工厂里的工作人员，22%是旁边居住小区的居民，5%是经过的路人。南淞湖里面有很多工厂，工人们想要休息的时候就会来到这片区域，不用经过大的公路，可以很快地到达。因为西南侧垃圾掩埋得比较多，所以那边没有人接近，我们根据这个基础再把功能分区分出来，不好进入的地方做成特色湿地，容易进去的地方做一些公共空间，把定位做好之后，我们就可以将交通串联起来，结合水脉形成一个比较科学的平面图（图5）。

这个空间中我们设计了3 km的环湖跑道，这个跑道是在做了人工调查之后添加上去的，跑道上的近水设施可以让它看起来更有标志性。我一直强调近水湿地要做出特色，大家经常看到学术单位做的保护生态的净水湿地，如果没有特色那么人就不愿意接近，也就没有散播的价值。如果这个净水湿地要做得深入人心，让人们可以看到每一个地方是怎么工作的，出来的成果是怎么样的，甚至于来洪水的时候旁边的引流管是怎么运作的，每一个环节都做一个说明，人们也就懂了这件事情。如果你是周边工厂的工人，在你完全了解了这个湿地运作的方式后，你可以邀请别人到这个公园里面来活动，因为你可以跟他讲水的处理，那传播能力就很好。

2.3 小尺度城市滨水岸线

我们在昆山做了一个小尺度的改造，需要的工程经费很小，需要做的事情不多，这个是一个小绿地（图6），一直荒废在那边，和水体靠得比较近。在进行水处理的时候往往把道路的水收集之后直接排到河里面去，没有去污的过程。

我们在有阳光面的地方做了滨水湿地，让它和人行道接近。然后再把这个绿地局部往下做了一些可淹没的平台，让人可亲水。有这些可亲水的平台后产生了一个坡，完善了整个净水系统的活动。

这个区域本来是城市的边缘，因为做了滨水湿地，使它看起来明亮了，亲水性加大了，人也变多了，这是很有成效的，而且投资的成本很低，适用范围很广，效益很好。

做滨水湿地的时候不仅要考虑景观设计，还要协同甲方、开发商和其他有关单位一起做这件事情，这样才可以把事情做好。

图1 都市水现状
图2 生态设计的水系
图3 恢复生态系统的多样性
图4 太阳能沼气示意图
图5 区域平面图
图6 改造绿地

古少平
GU SHAOPING
艺普德上海城市设计咨询有限公司设计总监、资深合伙人。

构建百姓认可的滨水空间——打造美好生活的绿色工程

CONSTRUCTION OF WIDELY ACCEPTED WATERFRONT SPACE: THE GREEN PROJECT FOR A BETTER LIFE

滨水住宅

图1

摘要： 本文介绍了建设滨水项目对城市的促进效应，提出了滨水设计TEFF工作法，并通过3个滨水案例来对TEFF工作法进行诠释，讲解如何将滨水空间融入城市，让人们感受到滨水对生活的影响。

Abstract: This paper introduces the promoting effect of waterfront projects on cities. It proposes the TEFF working method of waterfront design, and interprets the TEFF working method through three waterfront cases. It vividly explains how to integrate waterfront space into the city to lead people to feel the impact of waterfront on life.

关键词： 滨水空间；场所设计；运营体系

Key words: Waterfront space, Site Design, Operating system

1 建设滨水项目对城市的促进

滨水对政府职能的管理效应是非常重要的。同时，滨水空间的打造，对周边地价产生了积极的影响。最新莱坊全球滨水区报告显示，海滨住宅比其他地方的住宅价格要高59%，海滩住宅高58%，河边住宅高36%，湖边住宅高32%，只要滨水就有巨大的经济效益。

2 滨水设计TEFF工作法

有人认为滨水怎么做都好看（图1），其实不然，滨水要立足于中国的国情来做。棕榈在全国做了很多滨水相关的设计作品，遍布23个省，76个城市，做的滨水设计面积总计超过1000km^2，经验支撑着棕榈去做更好的滨水设计。例如棕榈滨水设计TEFF工作法，T代表脉络，E代表生态，F代表感受，F代表跟进，它们代表整个滨水设计未来的发展方向和具体实施办法，TEFF实际上是专门攻击癌细胞的小细胞，棕榈希望TEFF有助于城市的健康。

第一是脉络，它梳理时空的肌理，不仅要考虑现状，还要充分考虑历史文化以及未来的发展空间要做细致的调研，除了项目红线、水文资料和基础图纸外，还必须做全面的民意调研，另外还要考虑项目的位置，以及项目未来发展的趋势。

第二是生态，现在人们更多关注的是蓝绿红线，利用现有的传统土壤破除硬驳岸，实际上现状并不像我们想象这么简单，很多城市是有特殊要求的。很多情况下，不同城市的规划局、绿化局，各个部门之间都有自己的利益需求，所以在某些方面不会为未来城市的发展创造那么多生态可能。

第三是感受，场所立足感受，创造某一场所是立足于每个人的感受，这也是TEFF工作法最核心的内容。也就是在设计的同时，还要考虑每一个地区的实际情况和政策。这点看似简单，但很多设计师在没有推出TEFF工作法之前都很难推行。

第四是跟进，我们的设计应该是全时化、全程化的设计，其中包括设计、施工和后期的运营。

3 滨水案例分析

3.1 常德柳叶湖环湖风光带

该项目（图2）是要在柳叶湖周围创造良好的环境。该路段总长度是十几千米，其中有一段必须要加宽，因为有些区域被淹没了没办法使用，加宽后就可以让人在水岸边步行。该路段政府也已经完成了招投标，由原来的8m空间扩展到12m，再增加4~5m的人行空间。但是我们的工程师去现场沟通后，发现这

个被淹没的区域是完全可用的，可以设计一些临时的场所，且不会影响使用。随后我们建议政府不要把这条路加宽到12m，既可以为政府节约大量资金，同时还提供了更多的亲水空间（图3）。

3.2 琴江老河道湿地文化公园

琴江老河道湿地文化公园（图4）原来叫人民公园，很多城市中心的公园都叫人民公园。在深入了解后，我们发现人民公园所在的位置是老琴江的古河道，由于城市的更新和变化，这里既有文化，生态伦理也非常好。在和政府沟通后，名字改为老河道湿地文化公园，在实际设计中，我们也做了很多民生内容，让城市更有文化，让公园更有吸引力。

3.3 佛山新城滨河景观带

这个项目是一个滨水空间，能看到河才是好的滨水空间。但是，这个项目不属于滨水项目，因为没有把空间打开，也没有引入江景。我们在接手后，从空间打开到功能的融入都得以体现，并且在了解大家对游泳非常感兴趣后，我们还设计了一个城市滨水浴场。公园改造完成后，不光是周六日，工作日人也非常多，这就是基本功能的融入，并且加入了运营体系，便于后期的管理。

图3

总平面图

01	特色阶梯入口广场	07	底层商铺平台	13	乒乓球场	19	工匠文化入口广场	25	木偶景墙
02	船型观景平台	08	儿童游戏平台	14	健身入口广场	20	水中绿岛	26	亲水阶梯广场
03	阶梯亲水平台	09	健身活动区	15	足球之光广场	21	跌级种植池	27	巨型石雕景墙
04	融侨广场	10	门球场	16	现有泳池	22	浪花广场	28	亲水平台
05	舞池广场	11	篮球场	17	石雕艺术小品	23	东入口广场	29	采茶戏文化平台
06	入口建筑	12	五人足球场	18	匠心广场	24	木偶戏文化广场	30	现有建筑改造

图4

图1 成功的滨水设计

图2 常德柳叶湖环湖风光带

图3 常德柳叶湖环湖风光带总体规划效果图

图4 琴江老河道湿地文化公园总平面图

施鹏

SHI PENG

棕榈设计有限公司北京区域总经理，棕榈建筑规划设计（北京）有限公司总经理，棕榈设计有限公司文旅事业部副总经理。美国景观设计师协会ASLA荣誉会员，国际游乐园及景点协会IAAPA荣誉会员，具有LEED GA资质，北京林业大学风景园林专业硕士学位，园林绿化高级工程师。

后 记
Epilogue

2019衡水湖生态文明国际交流会在衡水顺利闭幕。期间，来自全世界十几个国家和地区的专家学者汇聚衡水，就水生态与湿地保护、都市农业与宜居环境、城市设计与滨水城市等领域展开了深入交流。会议上，大家畅所欲言，毫无保留地分享有价值的理论观点和看法，建言献策，共同探索生态文明建设和可持续发展之路。本次交流会还历史性地迎来荷兰高级别代表团的访问，开创了衡水国际交流的新局面。

衡水湖国家级自然保护区是国家4A级旅游景区，也是华北平原唯一保持沼泽、水域、滩涂、草甸和森林等完整湿地生态系统的自然保护区，生物多样性十分丰富，以内陆淡水湿地生态系统和国家一、二级鸟类为主要保护对象，属淡水湿地生态系统类型自然保护区。衡水湖具有蓄洪防涝防旱、调节气候、控制土壤侵蚀、降解环境污染等功能，它不但造福衡水人民，而且对调解周边乃至京津地区的气候、改善生态环境起到重要作用，它还是南水北调的调蓄水源地，为衡水及周边地市提供饮用水和工农业用水，发挥着促进区域经济发展的重要作用。其生态效益、社会效益、经济效益巨大。

本论文集把交流会上各位专家学者的真知灼见集结成册，对水生态与湿地保护和滨水城市建设等具有很大的指导意义，也对衡水地区生态可持续发展提供了借鉴价值。特别是荷兰高级别代表团的发言，为南荷兰省和衡水市的发展起到了相互开放、相互学习、相互促进的作用。